品牌歸屬感

Belonging to the Brand
Why Community is the Last Great
Marketing Strategy

為什麼社群是
行銷策略的終極答案？

馬克・薛佛
Mark W. Schaefer

著

吳煒聲 譯

你拿起一本書,準備好好閱讀時,
卻發現作者不是寫給你看的,是給別人讀的。
不過,這次不會讓你失望了。
我們素未謀面,但日後可能在某個社群相遇,
這或許是最棒的事。
你是我未來的摯友,這本書是獻給你的。

目 錄

序言｜無法忽視的行銷趨勢──社群　　　　12

Section One
最後一項絕佳的行銷策略

CHAPTER 1　最孤獨的世代　　　24
孤獨的流行病　　　31
對青少年的特殊影響　　　33
我們渴望有歸屬感　　　37
現在該加入社群了！　　　39
案例分析　與陌生人交談　　　42

CHAPTER 2　社群 vs 受眾　　　46
情感連續體　　　48
社群的特殊品質　　　51
聯繫情感的生意　　　53
案例分析　屬於社群的會議　　　55

CHAPTER 3　社群的商業案例　　　63
我們還有選擇嗎？　　　67

社群的歷史性時刻	70
自我價值和自我認同	86
案例分析　社群的投資報酬率	88

CHAPTER 4　從全職媽媽到 50 萬美元的事業　93

事業中斷	94
第一批社群成員	96
社群平臺	99
確立目標	100
透過「社群階梯」提升他人	101
建立情感聯繫	103
界線和成長	105
社群文化	107
對品牌的忠誠度	108
社群變現	109
衡量標準	110
有價值的未來	111

CHAPTER 5　社群的關鍵架構　113

文化	113
目的	114

匯聚成員	115
重新分配權力	115
將基於社群的企業變現	116
衡量	117
重點來了……	117
案例分析　不再靠馬克杯	119

Section Two
社群的藝術和科學

CHAPTER 6　文化俱樂部	128
品牌社群不僅是行銷策略，更是商業策略	130
品牌社群是服務客戶，不是滿足企業需求	132
社群從內部培養領導者	133
正視他們的眼睛	134
社群共享控制權	137
你準備好了嗎？	139
案例分析　以基於社群的方法處理房地產	141

CHAPTER 7 一切始於目標　147

你該做什麼？　150
定義基本目標　153
符合或不符合品牌形象？　157
激發目標　158
善用社群，體驗行銷　161
邁入下一步　163
案例分析 從混亂中誕生的社群　165

CHAPTER 8 聚集你的社群　172

信任的基礎角色　173
你的餐桌座位　176
人們為什麼加入社群？　177
全球最大社群　179
由粉絲推動的社群　182
重要的經驗　184
為自然增長而奮鬥　186
案例分析 社群成為企業　190

CHAPTER 9 新的領導思維　198

社群經理就是行銷經理　199

影響身心健康的社群地位	202
社會契約	206
不要建造自己的房子	209
案例分析 透過社群打倒巨人	212

CHAPTER 10 衡量的真相 217

兩種類型的行銷	219
社群是品牌行銷的一部分	223
為何錯失90％的潛在行銷優勢？	225
社交分享：最重要的指標	227
關鍵指標——參與度	231
銷售和潛在客戶	232
貼紙測試	233
案例分析 有600萬成員社群的投資報酬率	235

Section Three
下一代的社群

CHAPTER 11　Web3和社群的新領域 240

非同質化代幣	243
數位錢包	247

代幣化經濟	250
元宇宙	254
人工智慧	258
案例分析 Web3 和戰鬥兔子	260

CHAPTER 12　祕密社群──
　　　　　　　渴望遠離社交平臺　　268

私人訊息傳遞篝火	269
微型社群篝火	270
共享經驗篝火	271
行銷人員面臨的巨大挑戰	272
篝火教戰手冊	274
案例分析 篝火周圍的漢堡	278

結論｜從我到我們	282
持續學習	296
致謝	298
資料來源	301

| 序言 |

無法忽視的行銷趨勢——社群

> 「沒有卓越的社群,便沒有卓越的商業。
> 請各位仔細思考這點。」
> ——美國知名管理學家湯姆・彼得斯(Tom Peters)

你手中這本書包含了各種見解,可幫助你發展公司、創造難以超越的競爭優勢,以及永遠改變你對行銷的看法,甚至有助療癒這個世界。

這聽起來很浮誇,但我認為自己沒說錯。多年以來,我一直在思考(甚至著迷!)「品牌歸屬」(belonging to the brand)的概念。

2018 年,我寫了暢銷書《行銷叛變》(*Marketing Rebellion*,暫譯),就開始醞釀這種想法。那時消費者行為已經發生重大變化,行銷人員卻渾然不覺。本書便

是為了他們敲響警鐘。

當時,我建議行銷人員暫時擱置演算法(algorithm)和自動化程式(automated program),從關愛、意義和尊重等人類基本需求的角度切入,重新來思考行銷這門行業。

本書的某一章指出,未來制訂行銷計畫時,首先要顧及人們對於歸屬感和社群的需求。我寫完《行銷叛變》時,發現那一章非常重要。如今,愈來愈少客戶會觀看或信任我們的廣告,競爭白熱化的內容行銷(content marketing)[1]無以為繼,而且透過搜索引擎策略獲利,對許多企業來說根本遙不可及。因此,社群似乎是尚未開發的客戶接觸點(customer access point)[2]。

幫助一個人歸屬於某個事物,便是最高的行銷成就。

---

[1] 編按:企業創建和發布多種形式的內容(社群文章、影音頻道、電子書等),提供有價值的訊息和資源吸引潛在客戶,引導他們進一步了解品牌或產品。

[2] 譯按:泛指讓客戶能夠面對品牌訊息的時機或情境。有人以「品牌接觸點」(Brand Touch Point)稱呼。

如果客戶願意加入具吸引力、支持性強的品牌相關社群，就不再需要透過廣告和搜尋引擎最佳化（SEO）[3]，來吸引他們購買我們的商品或服務，對吧？以前的行銷手法其實早已過時。

三十年前，任誰都不敢想像這種情況。消費者當時別無選擇，若想了解一家公司、非營利組織、醫院或大學，必須觀看他們的廣告和侵入性行銷（intrusive marketing）[4]訊息。然而，針對數十萬「買家旅程」（buyer journey）[5]所進行的十年調查，得出的結論是：有三分之二的行銷活動就如同打水漂，根本沒有觸及消費者。「對於 B2B（business-to-business）公司而言，情況可能更糟。」如今，我們是透過社群媒體貼文、評論、

---

[3] 譯按：Search Engine Optimization，網站優化技術，旨在提高搜尋引擎（尤其是 Google）的搜尋排名。

[4] 譯按：又稱主動式行銷，例如：強迫人們觀看廣告，或者要求使用者與橫幅廣告和彈出式廣告進行互動。

[5] 譯按：買家決策歷程，指消費者在購物過程中歷經的三個階段：覺察、考慮和決策。

影響者（influencer）[6]和強大的內容創作者（content creator）來講述我們的品牌故事。

傳統的行銷手法效用逐月遞減，顧客和創作者的力量卻愈來愈強大。

有些消費者會無視、抵擋和跳過傳統銷售和行銷手段，而我在 2018 年時，便知道「品牌歸屬」日後對於這些人十分重要。

話雖如此，我當時並不知道這項預測多久才會成為事實。

社群隆重登上舞臺

《行銷叛變》出版剛滿一年便爆發 COVID-19，當時疫情肆虐，徹底顛覆了大眾的生活。我們的客戶被迫待在家裡，諸多日常事務停擺，人際關係也慘遭斷線，最人性化的公司卻在此時跳進來填補空缺。

然而，這得經過一段時間才能體現。疫情爆發初

---

[6] 譯按：指在社交媒體中具有一定影響力的人，俗稱「網紅」。

期，各家公司茫然不知所措，雖然焦急萬分，卻依然運用廣告臺詞打動消費者：「在這前所未有的時代，我們與你們同在。」（We are with you in these unprecedented times.）各位是否還記得，我們曾被這些平淡無聊的訊息轟炸過多少次？後來，許多公司乾脆直接捲起衣袖，實際協助他們服務的社群（社區）。

- 位於德州的基奧爾巴薩供應公司（Kiolbassa Provision Company），是專門生產燻肉的企業，他們每月向受災社區捐贈十萬磅的肉品。
- 海尼根（Heineken）將一部分的招牌廣告預算拿去支持客戶。疫情流行之際，不少酒吧被迫關門，海尼根付錢給這些店家，在他們的門口張貼廣告，上頭寫著：「現在觀看這則廣告，改天來此喝酒享樂。」海尼根手段高超，將酒吧變成要付費打廣告的媒體，免得他們倒閉。
- 英國國家歌劇團（English National Opera）免費舉辦專注於有效呼吸練習的活動，以此幫助呼吸困難和感到焦慮的 COVID-19 患者。

我的書迷紛紛告訴我，我先前預測的變化就在他們眼前上演。企業礙於這場疫情大流行，被迫拋棄以往慣用的虛假廣告詞，改以真正人性化的方式接觸客戶。那時人人充滿恐懼，爭先恐後上線，瀏覽網路社群，訪問人數之多，屢屢創下新高，人們參與這些社群的程度幾乎翻了一倍。大約80％的美國人表示，在COVID-19肆虐期間，網路社群是他們最重要的社交團體。[三]

然而，在疫情爆發前，這種透過社群尋求慰藉的趨勢早已蔓延。打從1960年代以來，罹患憂鬱症、受到孤立和感到孤獨的人數不斷攀升。人們寧可離群索居、上網瀏覽社群媒體或打電動遊戲，也不願去教堂、做運動和上俱樂部與別人社交。醫療專業人員聲稱，當今年輕人是「最孤獨的世代」（the loneliest generation）。這個世界缺乏歸屬感，危機深重，並且已經導致全球性的健康問題。

這場嚴重特殊傳染性肺炎疫情，還促成另一項重要趨勢：遠距工作。如此一來，許多人變得更加孤獨，但這也加速了技術創新，幫助與外界隔絕的員工消除社交孤立（social isolation，又稱社會隔離）。

我認為，未來數十年將出現幾項大趨勢（megatrend），其中之一必定是心理健康和心理保健問題。大家不妨留意頭條新聞。新聞每天都在報導有人因為心理健康而「暫停工作」、有人要求簽訂「心理健康日」（mental wellness day）合約，以及醫生不時提出心理健康警訊。

連結各項趨勢

有三種趨勢彼此交叉：

1. 傳統的行銷效果日漸下滑。
2. 心理健康問題呈現爆炸式增長。
3. Web3[7]和元宇宙（metaverse）提出變革的技術發展，將幫助人們聚集在一起。

以上這些在在指向社群為當今時代的行銷大趨勢。

---

[7] 編按：第三代網際網路，全球資訊網發展概念，主要與基於區塊鏈的去中心化、加密貨幣及非同質化代幣有關。

品牌社群的構想並不是新鮮事。本書的價值在於它**率先從行銷策略的角度去看待社群**。

如今，多數社群之所以失敗，是因為它們被視為銷售場所，而非提供幫助的地方。約有70%的品牌社群，著眼於客戶自助或自助服務（self-service）所帶來的交易利益。由於不知社群建立品牌的巨大潛力（第三章將闡述這點），行銷界在最需要獲取競爭優勢時，卻忽視這種獨特的來源。我透過廣泛研究和鑽研案例，認為社群（即社群歸屬）可以取代正被迅速淘汰的侵入式行銷系統。

社群甚至可以變成你的公司。

絕佳的打造品牌手法，就是要在你的客群和你所做的事情之間建立情感聯繫。品牌不僅是商標和標語口號，而是能夠傳達意義的系統。我認為，社群是最終極的意義系統，足以幫助客戶發現（甚至創造）品牌與他們的世界之間的聯繫。

只要客戶心繫相關的品牌社群，不必說服他們、提供優惠券或哄騙欺瞞，就能讓他們喜歡我們。這些忠實粉絲會積極宣傳我們的品牌，並且能在品牌社群中找到

堅持下去的目標。

我們終其一生都在聚會,首先是在家裡生活,然後參與社區和遊戲團體、到學校讀書、上教堂聚會、參加會議、舉行或參與婚禮、加入 Facebook 群組、與人開會議事、加入董事會、和同學聚餐、參加晚宴和貿易展覽會,還有參加葬禮。

最後一項絕佳的行銷策略就是社群,**因為我們一直渴望聚會和想擁有歸屬感**。具體來說,你的客戶可能希望屬於你。我會教導各位如何聚集他們。

《品牌歸屬感》分成三個生動且實用的部分:

1. **最後一項絕佳的行銷策略**:在這個部分,我將解釋為什麼現在是建立社群的時機、建立社群的好處,並提出社群確實有效的具體證據。你將了解社群有別於客戶、社群媒體粉絲或受眾。建立社群是一項傑出成就,足以創造持久的競爭優勢。
2. **社群的藝術和科學**:此部分將提供一種框架,有助你在公司行銷策略的背景下思考社群。這

是新的行銷思維，具有嶄新的語言、新的優先順序，以及棘手的衡量（measurement）問題。

3. **下一代的社群**：這一部分，我們探討社群未來的發展方向。能否運用技術打造基於社群的全新商業模式呢？你將了解年輕人如何在傳統行銷觀點窒礙難行的地方，期待社群興起。最後，我會談談自身的社群經驗，以及它如何影響我的業務。

每一章末尾，我都會重點分析案例，這些例子來自大企業、小企業、機構、非營利組織，以及技術、教育和藝術領域，非常鼓舞人心。無論是誰都能找到適合自己的內容。

你準備好了嗎？我想你已蓄勢待發。我們天生就想打造社群，幾乎所有企業、非營利組織、大學、教堂、協會和組織都可以運用社群。

你的社群正在等你，讓我們開始吧！

Section One

最後一項絕佳的行銷策略

CHAPTER 1

最孤獨的世代

■ ■ ■

孤獨大致上決定了我成為什麼樣的人。

一開始我並不孤單。我在美國長大，童年恬靜安寧，日子都是在匹茲堡（Pittsburgh）藍領社區的街道上玩耍度過。我們家沒什麼錢，所以我只能騎著二手腳踏車環遊我的小王國，這輛自行車至少有二十五年車齡，表示它是 1940 年代製造的。那是一輛裝有兩個厚橡膠輪胎的坦克，我用棒球卡精心裝飾了車輪輻條。每當我從陡峭的社區山坡上呼嘯而下時，棒球卡就會發出很大的咔噠聲。

那時的樂趣就是沒事找事做。我和朋友玩得不亦樂

乎,好比到小溪撿石頭,互丟野生漿果,搞得全身五顏六色;還會玩棒球,球非常破舊,內部毛線早已爆出,裸露在外頭。

我在學校很受歡迎,但讓我父母失望的是,老師在成績單上寫著我是班上的小丑。我還記得每次老師回到教室時,都會看到我站在桌上跳草裙舞而把我叫到訓導處訓斥。

我從小讀書的學區,教授全美最好的音樂課程,所以我很幸運。到了三年級,我們就得挑選一種樂器演奏。我愛上大提琴,跟母親說我想學這種樂器。

「你可以帶大提琴上校車嗎?」她問道。

「不,我覺得大提琴太大了。」我回答。

「我猜你不會想拉大提琴。」

當隔壁鄰居提供一支我可以使用的破舊單簧管時,我做出了決定。所以,我開始吹奏單簧管⋯⋯可以說還成了神童。升到五年級時,我在全縣初中交響樂團擔任單簧管首席和獨奏。與管弦樂隊一起坐在舞臺上,周圍環繞著貝多芬的音樂,那種純粹的快樂根本無法用言語形容。這是我一生中最激動的時刻。

就在我快要讀七年級的前幾天,我們舉家搬遷到西維吉尼亞州(West Virginia)的一個小鎮。我進入新的初中,但完全沒有朋友,我懷念一百多英里外的鄰居和同學。

新學校有一棟1930年代的黃磚建築,早已破敗不堪,但礙於資金不足,根本無法修繕。學生更衣室就位於那棟建築的黑暗地下室,厚厚的混凝土支撐柱,完全沒有窗戶,讓人感覺毛骨悚然。開學第一天,我獨自一人找不到方向,在那個地下洞穴裡找我的儲物櫃,結果被一個體型至少比我大兩倍的九年級惡霸逼到牆角。我永遠忘不了他是我見過第一個留著小鬍子的孩子!

那個惡霸把我逼到最黑暗的後方角落,把我困在一根柱子後頭,還說他要教我如何「吹簫」。他拉開褲子的拉鍊,我用盡全身力氣,突如其來的腎上腺素爆發,擺脫了他的挾制,逃離現場。當我衝出黑暗的地下室時,聽到他威脅我說,要是我告訴別人發生什麼事,他就會殺了我。

那一刻,我立即從一個快樂的小男孩變成永遠處於恐懼的12歲孩子。我再也不去找我的儲物櫃。我隨身攜

帶所有東西,也從未踏進餐廳一步,因為害怕那個惡霸狠狠瞪我的目光。可悲的是,我再也不吹單簧管了(而且這輩子再也沒有在管弦樂隊中演奏),因為那個惡霸在樂隊裡負責打鼓。

我後來一直蜷縮在孤獨的角落裡,好像一個活著的影子。我不能告訴父母,擔心他們若是去學校告發,別人會威脅我的生命。

然後,情況變得更糟。爸媽讓我就讀一所私立天主教高中。我從來不曾給他們帶來麻煩或讓他們擔憂,我是典型會取悅雙親的長子。然而,我的父母或許認為讓我讀天主教學校,便可確保拯救我的靈魂。或者,他們也許感覺我在公立學校表現不佳,不過這是千真萬確的事。

無論如何,我終於可以遠離那個惡霸了,但我討厭讀新學校,不想再次獨自一人。於是,我和父母針對轉學一事爭吵,結果我輸了。

這麼晚才從公立學校轉到私立學校,根本是不尋常的舉動。多數私立學校的孩子從幼稚園起就一起上學。他們的行為模式、傳統和派系已經發展十多年。新人想打進圈子,根本沒門。

我被忽視了。

我比以往都更加孤獨,而且陷入憂鬱中。讀高中的第一個學期,我根本不曾和同學深談過。

然後,發生了一件永遠改變我生命的事。高一的第二學期,我試著參加高中音樂劇。我不知道自己當時是如何鼓起勇氣去的,我從來沒有演過戲,也不曾在舞臺上公開唱歌。也許我是在完全絕望下才做出這種舉動。

在這所學校,製作戲劇非常重要。每個人都會參與一年一度的學校音樂劇,運動員、啦啦隊、書呆子,大家齊聚一堂。這是唯一真正聚集大家的學校活動。

試鏡時,我唱了美國民謠搖滾歌手吉姆・克羅斯(Jim Croce)的〈瓶中時光〉(Time in a Bottle)。我選擇這首歌的理由很簡單,因為吉姆・克羅斯的《熱門歌曲》(Photographs & Memories: His Greatest Hits,暫譯)是我擁有的第一張黑膠唱片,而〈瓶中時光〉是我唯一能記住的歌曲。讓我說句實話吧!它是我聽過最單調的歌曲。

隔天放學時公布了試鏡結果。我擠在一群興奮的學生之中,搶著查看釘在布告欄上整齊列印的表格。我找

不到自己的名字。然後我跳過一切,直接去看表格最上方……我的名字就在那裡。我獲選擔任音樂劇主角。

我站在這群喧鬧的同學中,每個人都在問:「誰是馬克‧薛佛?」原來大家都不認識我啊!我靜靜走開,試著感受這個奇蹟。

我突然成名了,名氣雖小,卻很重要。每日排練開始後,我加入一個社群,彼此擁有共同的傳統、相通的語言和一致的目標。經驗豐富的年長演員指導我。女孩子開始跟我調情,約會變得更加容易。劇中的另一個主角,那個在第一學期取笑我的孩子,日後成為我最好的朋友,後來又當了我的室友,以及我婚禮上的伴郎。

那齣音樂劇十分受歡迎,我也出盡風頭。幾十年以後,有位家族朋友放了一段搖搖晃晃的影片,片中記錄這場表演,我看了大吃一驚,發現它其實相當不錯!

在上帝神聖的一擊後,我確定成為戲劇團的男首席。在十幾歲時,我第一次有了歸屬感。

一旦被接納、融入這項主流活動中,我就此轉變了。我成為學校政府(school government)[8]的領袖,以及美國國家高中榮譽生會(National Honor Society)主席。

我參加體育活動，替地方報紙撰稿，並且憑藉領導能力獲得許多獎項和獎學金。這種高漲的信心和成就，一直延續到我的大學生涯和以後的生活。我屬於這群表演者之後，生活便展開全新的樣貌。

我的腦海一直縈繞著這個存在主義問題：

如果我沒有找到那個可以歸屬的社群，我會發生什麼事？

那是我成長的歲月。孩子 15 歲的時候，神經框架（neural framework）已經大致確立。心理學家認為，從小就加入群體對於培養年輕人的認同（身分）至關重要。在童年時長期感到孤獨者當中，有三分之二的人表示，他們成年後一直或多數時間都感到孤獨或被孤立。[四]

青少年時期的經歷，可精準預測成年後的結局，而

---

[8] 譯按：大致上由校務委員會、學術委員會和校長組成，學生會和家長會也會參與。這種組織鼓勵各種教育團體參與。

在那個時候，我並沒有朝著積極的方向前進。

如果我當時繼續活在孤獨的世界裡，沒有體驗這個高中社群的快樂，我會變成什麼模樣？

假使我沒有在那個關鍵時刻走出陰影，我能在大學取得優異的成績嗎？我能在《財星》（*Fortune*）百大企業中不斷晉升嗎？我能自行創業嗎？

我能為你寫這本書嗎？

孤獨的流行病

我的朋友基斯·詹寧斯（Keith Jennings）是健康照護產業的部門主管，但他真正的頭銜是商業哲學家（business philosopher）。幾年前我們討論了他稱為「火爐」（The Furnace）的想法：我們的最終價值觀和目標都源自於童年創傷。每處傷口都會成為一個「火爐」，可長期給予個人方向，同時賦予人熱情和動力。

他說得沒錯。我有很多火爐，其中之一就是童年的孤獨，我不時會在作品中描述這點。只要看到每天頭條

新聞報導全球因為孤獨的流行病，導致犯罪、疾病和憂鬱症不斷增加時，我都會深感不安，毫無疑問地，這是出於我的個人經驗。

所謂孤獨，就是人需要的連結程度和其擁有的連結程度之間的落差。這是一種主觀感覺。你可以跟很多人接觸，但仍然感到孤獨。這就是為什麼我們的社群媒體串流都是要讓人們彼此連結，但許多人在社群媒體上花費愈多時間，他們就愈孤獨。

有明確的證據指出，數十年來孤獨危機已經逐漸累積成形。[五]在1980年代，20％的美國人表示自己「經常感到孤獨」。時至今日，這個數字上升到40％。讓人震驚的是，22％的千禧世代表示他們「根本沒有朋友。」[六]

前美國公共衛生署署長（Surgeon General）維偉克・莫西（Vivek Murthy）總結其擔任醫生的經歷：「在我照顧病人期間，最常看到的不是心臟病或糖尿病，而是孤獨。」[七]

這不僅是美國的問題，孤獨的黑暗面紗籠罩著全世界。英國設立了「孤獨部」（Ministry of Loneliness）用以解決國家面對的孤獨問題。在印度和中國，有三分

之二的民眾表示,與現實生活相比,他們更喜歡網路生活。⁸日本出現被稱為「蟄居族」⁹的社會現象,也就是青少年隱居在父母家,數個月或數年不去工作或上學,這種情況也正在襲捲許多國家。

孤獨跟其他形式的壓力一樣,會讓人更容易得到心理健康方面的疾病,好比憂鬱、焦慮和藥物濫用(substance abuse,又稱物質濫用)。它也會提高人們罹患心臟病、癌症、中風、高血壓和失智症的風險。某項著名的分析指出,孤獨對健康的影響和每天吸 15 根菸的結果大致相同。⁹

對青少年的特殊影響

這種趨勢影響到每一世代的人們,但它對年輕人的影響最為深遠。

---

⁹ 譯按:又稱「家裡蹲」、「繭居族」、「隱蔽人士」或「關門族」。

如今的青少年，不但比較不會出去約會，獨自離開家的可能性也較低，更有可能推遲成年後的活動。

　　許多青少年的睡眠時間和運動量減少，也減少了和朋友相處的時間，導致認知內爆（cognitive implosion）[10]，出現焦慮、憂鬱和自殘，有強迫行為，甚至可能自殺。[10]根據《青春期雜誌》（*Journal of Adolescence*）一份調查了 37 個國家的報告指出，在六年的時間裡，有 36 個國家的青少年孤獨感增長了一倍。[11]無論青少年的性別、貧窮或富裕、所屬的種族背景，以及居住在城市、郊區或小鎮，都可以看到這些趨勢。[12]

　　受訪者年齡為 18 到 24 歲，超過四分之一的人表示，心理健康問題嚴重影響他們的工作能力（在有工作的受訪者中，比例為 14%）。[13]

　　這種毀滅性大趨勢的背後原因是什麼？這個問題很

---

[10] 編按：因為壓力、焦慮或其他心理因素，而感覺自己的認知系統變得混亂或失控。

複雜,但科學家提出了一些理由:

- **單親家庭:** 皮尤研究中心(Pew Research Center)⁻⁴發現,美國有將近四分之一的兒童生活在單親家庭,比全球兒童平均數值高出三倍以上。美國全國家庭生活(American National Family Life)調查顯示,這種情況會讓人感到更加孤獨和憂鬱。
- **經歷父母離婚:** 青少年的父母若是離婚,他們出現社交困難和感到社交孤立的可能性,是普通青少年的兩倍。⁻⁵
- **家庭規模縮小:** 即使COVID-19肺炎大流行後,改變了有關家庭規模和撫養孩子要花多少錢的話題討論,不過在此之前,一般夫婦就逐漸傾向於組建較小的家庭。研究指出,「獨生子女」更有可能感到孤獨。⁻⁶
- **流行病的壓力:** 根據學校輔導員的報告,封城以後,焦慮、情緒調節問題和自卑發生率明顯增加。美國公共衛生署署長警告,青少年有「毀

滅性」的心理健康危機。[一七]一旦打亂人們的生活，其影響將會持續很久。

- **看螢幕的時間增加**：以前只有某些青少年會瀏覽社群媒體，如今每個青少年都是如此。Z 世代[11]每天花在手機上的時間為 7.5 小時，其他世代則約為 2.5 小時。[一八]大量使用社群媒體者，罹患憂鬱症的可能性大約高出 30％。[一九]

社群媒體雖是發洩怒氣的場所，但這無濟於事。網路生活不但更加骯髒，也更加兩極化，並且更有可能煽動他人霸凌和羞辱別人。

如今只要點擊社群媒體，就能交到所謂的朋友，但我們卻比以往更加孤獨，真是讓人感到諷刺。奧勒岡健康與科學大學（Oregon Health & Science University）心理學家邦妮・內格爾（Bonnie Nagel）曾說：「他們和

---

[11] 譯按：研究人員以 1990 年代中後期作為 Z 世代開始出生年分，將 2010 年代初期作為結束年分。

朋友相聚,但身旁卻沒有朋友。這不是我們需要的社交聯繫(social connectedness),也不是可以讓人不會感到孤獨的社會連結。」[20]

看來我們許多網路友誼,只不過是空洞的社交卡路里,過後即逝。

我們渴望有歸屬感

哈佛大學研究人員曾進行人類史上最廣泛的一項健康研究,調查同一群人的生活超過八十五年。[21]研究人員希望藉由觀察人類一生的發展,從中找到某些趨勢,進而深入了解哪些因素最終能夠讓人過上美好(和長壽)的生活。

經過數十年的調查,研究人員發現:長期的滿足感並非來自金錢、地位或物質享受。最快樂和最健康的人回報表示他們的人際關係牢固,而被孤立的人則隨著年齡增長,精神狀況逐漸下滑,身體健康也一日不如一日。這項計畫的主持人羅伯特・沃丁格(Robert Waldinger),

在一場熱門的 TED Talk⁻⁻演講中（影片觀看次數高達4,400 萬次），分享了這項重要發現。他的結論是：「孤獨會殺死人。」

美國新聞記者賽巴斯提安・鍾格（Sebastian Junger）在他的《部落：回家與歸屬》（*Tribe: On Homecoming and Belonging*，暫譯）一書中寫道：「隨著社會現代化，人們發現自己能夠獨立於任何社區群體而活。生活在現代城市或郊區的人，可能在一整天（或者一生之中）的多數時間裡會遇到陌生人，這是人類歷史上首度發生的情況。他們可能被別人包圍，卻深深感到孤獨，處境危險堪慮。」

鍾格繼續寫道：「有排山倒海的證據表明，這種情況讓我們感到艱辛。很難去衡量幸福快樂，但精神疾病卻相當容易看得出來。研究指出，現代社會在醫學、科學和技術方面有長足的進步，但憂鬱症、精神分裂症、健康不佳、焦慮和長期孤獨感的發病率，卻是人類史上最高。人們的財富增加了，不過，臨床憂鬱症的情況似乎有增無減。」

我很幸運。我的生命出現了奇蹟，讓我超越孤獨，

展開活力十足和幸福美滿的生活。我不禁想：數百萬不像我這般幸運的人會發生什麼事？人類是否會因為孤獨而喪失整個世代的創造力、智力和領導潛力？

現在該加入社群了！

當你讀到這裡，可能感到洩氣！這是無法避免的，因為我要為這個嚴肅的話題奠定基礎。然而，這就是我們要共度難關的地方，還要著眼於積極創造變革和擁抱希望的大好機會。每種趨勢都彼此協調，使得「就是現在」該以社群為基礎的商業模式，正是可以提供經濟效益和增進社會福祉的時候。

羅伯特・克里斯汀森（Robert Christiansen）是慧與科技（Hewlett Packard Enterprise）[12]創新副總裁（VP

---

[12] 譯按：前身為惠普公司（HP）的產品部門，2015 年從惠普拆分成立。

for Innovation），他認為這種轉變已經發生。「人類是社會性動物，身旁需要有別人陪伴，在親密接觸中汲取和交換活力。當我看到你，你也看到我時，我便透過社群的社交互動而變得真實。這有助於增強個人的耐久性，讓我們變得更有韌性。」

羅伯特認為，「在過去幾年裡，我們看到自己快速喪失能力，無法從我們的社會地位中找到意義，因為我們已經耽溺於科技提供的消遣娛樂，不再參與人類社群。然而，這種趨勢將會朝另一個方向轉變。而這已經發生。」

美國創投首輪資本公司（First Round Capital）的一項研究，證實了上述說法。該研究發現，80％的新創企業將投資社群作為主要行銷策略，28％的新創企業更是認為這「對於他們能否成功至關重要」。[23]

這點十分寶貴，可從中窺見未來的行銷趨勢。為什麼新創企業突然如此重視社群？因為這是客戶想要的，這就是客戶需要的，而且這樣做有效。

各個企業逐漸拋棄以往根深蒂固的廣告策略，改採新的方式了解客戶、分享資訊、共同創造產品和建立情

感聯繫，進而維繫顧客忠誠度，使顧客願意去宣傳產品。

社群對公司有好處，對客戶也有好處。有大量研究指出，人只要歸屬於品牌社群，便可提升個人自尊、自我認同和感到自豪。和社群一起訴說共同的歷史、講共同的語言，以及分享活力熱忱，都有助於產生強烈的歸屬感。二四

在我快要寫完這本書時，一份新的麥肯錫（McKinsey）研究報告引起我的注意：「有更好的方法去建立品牌：利用社群飛輪（community flywheel）[13]。」作者們宣稱，社群是這十年來最重要的行銷趨勢。二五

世界似乎以如雷的響聲告訴我們：*我們現在需要社群*。第二章將幫助你決定目前是否應該加入「你的」社群。

---

[13] 譯按：飛輪模型（Flywheel）理論，其核心關鍵是讓每一位接觸到的潛在客戶，在消費者旅程中不斷享有開心的體驗，最後讓他變成實際客戶。

案・例・分・析
與陌生人交談

摘要：艾希莉・薩姆納(Ashley Sumner)開發了一款音訊程式來消除孤獨感。

艾希莉・薩姆納從十幾歲起，就一直想要將人們聚集在一起，自然會想發明可以創建對話社群的程式。她說道：「與陌生人交談會產生一股獨特的力量。」二六

艾希莉指出：「和陌生人交談是件很棒的事，會讓我們充滿力量。我們之所以和陌生人建立聯繫，就跟我們需要治療師一樣，因為我們可以從中獲得客觀的想法。」

「人的自然狀態是需要和別人深入聯繫。然而，我們比以前都更加和外界脫節，因為在過去的二十年裡，我們一直是科技公司的白老鼠，這些公司透

過社群媒體以自己的方式創建社群,可惜這種做法並沒有奏效。」

「我搬到洛杉磯之後,開始在咖啡廳或飯店大廳舉辦十人對話,因為我渴望加入社群。我原本一個人都不認識,但很快我就有了一份數千人的名單,這些人都想來聊天。」

「我希望這能成為全世界的日常生活體驗。『Quilt』就是這樣誕生的。我們的願景是讓人們開放自己的家,來與別人談天和體驗生活。我們會舉辦社群聚會,讓我可以認識鄰居,並且談論對我們來說很重要的事情。」

轉向音訊

在一開始的兩年間,人們透過 Quilt 舉辦了 5,000 場的現場家庭聊天。一次有 5 至 15 人聚集在一起。不料 COVID-19 疫情爆發,艾希莉的商業模式在一天之內就消失無蹤。

她說道:「那時陌生人顯然無法在家裡聚集,

所以 Quilt 演變成一個社交音訊平臺,那是一個提供社群聚集的微型空間。我們選擇音訊是因為我們發現視訊並不是創建社群的最好方式。只要有人覺得自己不好看或住家不體面,他們就會缺席。對社群成員來說,要做好準備去進行視訊通話會是種障礙。如果有人關掉相機,有些人的感情就會受傷,心想對方有注意聽嗎?影片會造成摩擦,所以才要轉向音訊。」

「我們把善良當作核心價值。我非常清楚我們主張什麼和不主張什麼。我們的社群準則表明我們該如何尊重他人。有了這種透明度,就可以建立彼此的信任。」

「在大多數社群平臺上,你會先和自己認識的人聯繫。也許你是在專業領域上認識他們。也許你是因為曾在 Twitter 上看到這些人,所以才認識他們。Quilt 不一樣,因為你們認識的時候是陌生人,但會因為有共同的經歷而成為朋友。」

即時互動的作用

如今,現場聚會在 Quilt 社群中仍然扮演重要角色,但不同的是,人們是先透過音訊管道形成社群,然後才面對面聚會。

「幾個月以前,來自某個社群的 100 名 Quilt 成員買了機票,大夥親自見面,一起共度週末。他們彼此提供住處安置對方、出外野餐、辦睡衣派對,以及從事野外遊戲。有的人還盛裝打扮。這些男男女女來自全國各地,透過 Quilt 表露心聲,並在 COVID-19 大流行時互相扶持,共體時艱。」

「他們如今住在一起,一起創業,互相合作。讓我印象深刻的是,他們本來是陌生人,但在社群中藉由彼此找到了生命的意義。」

CHAPTER 2

社群 vs 受眾

...

行銷人員會努力塑造能與客戶和利害關係人建立正面情感聯繫的品牌識別（brand identity，品牌特色）。

品牌打造專家伊芙琳・斯塔爾（Evelyn Starr）如此定義品牌：「人根據先前對某個實體的體驗和印象，和該實體互動時內心的期望。」在理想情況下，我們希望這種期望和情感可以是信任和尊重，甚至是愛。

過去是透過廣告建立品牌連結。許多年以前，我在波蘭向一大群人發表演講時問道：「我說『可口可樂』的時候，你們會想到什麼？」有人高喊：「北極熊！」即使在波蘭，可口可樂也因為北極熊而大受歡迎[14]。

可口可樂公司幾十年來花費數百萬美元打廣告，總算把民眾對可樂的情感聯繫，從「棕色糖水」轉移到討人喜歡的卡通北極熊家庭。（甚至有北極熊商品系列！）

然而問題在於：即使有幾十年的時間和數百萬美元的經費，透過重複廣告及讓觀眾熟悉產品營造情感聯繫的舊思維，其實已經結束。我們正邁向內容串流媒體和屏蔽廣告的世界，即使有人不小心看到廣告，也可能不會買單。

社群在全新環境中扮演重要的角色，這或多或少讓行銷產業亟需重新啟動。

在我們深入討論以前，先定義一下社群，說明它與受眾、一群客戶或社交媒體粉絲的差異。

---

[14] 譯按：北極熊是可口可樂的吉祥物。

情感連續體

在數位世界中,我們的客戶和潛在客戶處於一種情感連續體(emotional continuum)狀態,每位行銷人員都應該念茲在茲。透過以下圖表,試著剖析一下:

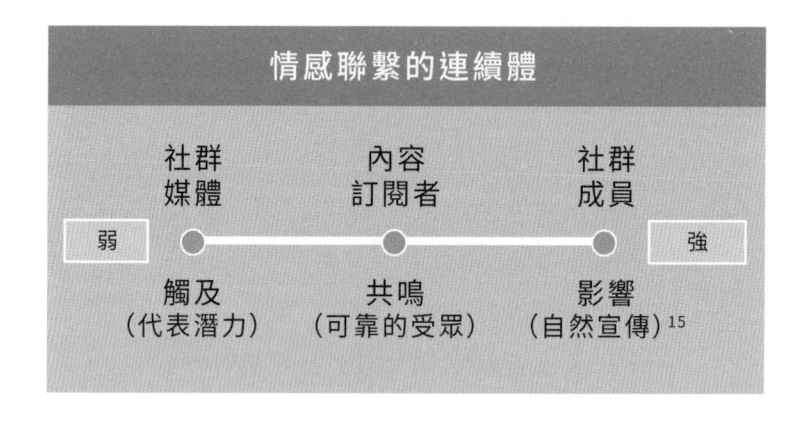

情感聯繫的連續體

弱			強
社群媒體	內容訂閱者	社群成員	
觸及（代表潛力）	共鳴（可靠的受眾）	影響（自然宣傳）[15]	

社群媒體追蹤者屬於薄弱的關係連結。演算法可能會讓客戶和你的企業保持一定的距離,人們在 Twitter

---

[15] 編按:由個人或群體在真實生活中的互動和體驗,自然產生的宣傳和推廣行為。

上關注你，並不表示他們會購買你的產品或服務。在Facebook按個「讚」，只表示對方跟你揮揮手。「你好，我看到你了，但我並不是真的想買你的東西。」當某個品牌在社群媒體發布訊息時，就像站在海灘上將裝著字條的瓶子扔進大海一樣。除了客戶服務外，這種層級的行銷等同寄託於希望。眼見年輕客群逐漸摒棄Facebook和Twitter等主要社交管道，這種希望真是愈來愈渺茫！

話雖如此，建立社群媒體受眾仍然十分重要，因為它代表潛力。會在社交平臺關注你的人，都有可能成為連續體的下一個級別，亦即訂閱者受眾。

受眾的情感聯繫程度明顯較高，代表可靠的連結。人們只要訂閱組織的電子報、Podcast或其他內容，就表示願意接收你的訊息並允許你向他們行銷。現在你可以直接且明確地知道，誰和你產生連結及他們連結的頻率，而不是「希望」有人看到你在社交媒體的貼文。隨著時間推移，受眾會成為熱情的粉絲、支持者和客戶。

然而，多數企業會在這裡陷入困境──他們沒有超越內容和受眾層級的那一段情感連續體。

社群代表最高層級的情感契合和承諾。它超越了個

人崇拜（追隨領導者或瘋迷品牌形象的受眾），成為可自我維持的實體。

當我進行研究時，最喜歡求助好幾處的資料來源，全球網路指數（GWI）[16]是其中之一。它曾詢問社交媒體用戶和線上社群成員，對於每個平臺的感受。社群和社群媒體相較之下，兩者的信任和承諾程度有著巨大差異，包括能否進行有意義的對話、贏得尊重和感覺到讚賞。[二七]在安全的社群裡，成員能夠不受網友的批判，探討艱深觀點時也無須擔心受人攻擊。

社群同樣能提供全新水準的經濟效益，包括共同創建的產品、市場見解、即時通訊串流，以及下一章將詳細介紹的更多內容。這是最終的客戶連結。這種連結非常牢固，讓社群得以成為企業，可以減少或暫停其他的行銷支出，這是任何行銷策略夢寐以求的目標。

不妨將這個連續體看成是傳統的顧客關係管理

---

[16] 譯按：受眾群體定位公司，為全球出版商、媒體代理商和市場行銷人員提供受眾見解。

（Customer Relationship Management，CRM）策略。在 CRM 中，行銷就是要將客戶從察覺轉變為考慮，然後再轉變為購買、忠誠和宣傳。我們如今採用的行銷策略是基於希望，但透過社群獲致情感賦能（emotional empowerment）的行銷策略，更為有效。

將客戶從追蹤者轉為受眾，再將他們轉變為社群，這是他們真正願意接納的過程！

社群的特殊品質

讓我們進一步抽絲剝繭，更精確地檢視社群。與受眾或社群媒體追蹤者相比，社群具有以下三項顯著特徵：

1. **相互連結**。社群成員就像住在附近的朋友，無論是在現實生活或在網路上，他們彼此認識並相互交流。他們會分享資訊、互相幫助，就像你的鄰居看到你遇到麻煩時會提供協助。社群成員之間有一種情感聯繫，這是一種集體感覺，

認為他們有別於不屬於社群的個體。
2. **抱持目標**。志同道合的人會聚集在社群，因為他們有共同的理由。也許他們都喜歡賞鳥或開發軟體、或者熱衷討論政治，甚至想了解未來的行銷方式。他們因為有共同目標而聚在一起，共同的儀式和傳統讓他們更認同這個群體。大夥有共同的價值觀，彼此能夠心連心。
3. **有相關性**。如果社群的目標變得無關緊要或脫離時代，就會崩潰解散。社群要能興盛，就得根據時代和成員需求調整，同時保存核心價值。有了這種適應能力，社群不僅能夠存續下去，還能增強社群內的凝聚力。

就這樣，只有三項。就是這麼簡單⋯⋯但做起來很困難！

當然，社群還有許多其他的動態差異和細微差別，稍後會說明。但社群要成功，上述三項是基本條件。

在此提醒各位，本書是透過行銷策略的視角探索社群。外頭有數百萬和品牌使命無關的其他種類型社群。

例如，我是某個 Facebook 群組的成員，那個群組會討論大煙山（Smoky Mountains）優美的自然風光。我瀏覽這個社群是想看動物（尤其是我最喜歡的水獺）優遊自如的照片。然而，那裡的成員沒有做生意的企圖，也沒有人會發動組織敦促大家做些什麼。我可不希望出現這種情況。

我在過去四年裡探究品牌社群的潛力，心裡有個疑問：「為什麼企業界對歷來最棒的行銷機會視而不見？」

我們的顧客迫切需要歸屬感。為什麼不給他們一個超棒理由和我們連結……然後徹底改變行銷模式呢？

聯繫情感的生意

本書可能會籠統提到「品牌社群」（brand community）或「公司社群」（company community），但其實社群適用於任何尋求與其利害關係人建立聯繫的組織。

你適合建立社群嗎？大家不妨這樣想：你和顧客之間以人為本的情感紐帶有多麼重要？

如果你在依賴人際關係的組織工作，例如：

- 個人服務業，好比保險、諮詢、旅遊、保健、輔導和財富管理
- 體育、各種娛樂、遊戲
- 各級教育
- 零售、餐廳、時尚……

那麼，你就要打造基於社群的企業。

甚至還有根據手動工具、鋼筆和汽車零件等商品建立的社群。如果你從事行銷工作，可能就得聯絡感情，而且未來需要擬定社群策略。

還是不信我說的嗎？第三章我將開誠布公，探討社群能為企業帶來哪些非同小可的價值。

案・例・分・析
屬於社群的會議

摘要：某位企業領袖透過充滿熱情的會議社群，讓她的小鎮聲名大噪。

幾年前，我研究了人們為什麼參加會議的原因。理由排列如下：

1. 去參觀有趣的城市。
2. 去新城市嘗試餐廳菜色和參觀旅遊景點。
3. 和業界友人交流。
4. 帶家人一起度假。
5. 學習新的東西。

籌辦者可能希望大家認為，參加會議就是要從演講者和贊助商身上吸收很棒的新訊息，與會者心

裡想的卻是要前往拉斯維加斯或倫敦等令人興奮的城市,然後和業界朋友一起歡度幾天的時光。

活動的商業模式頂多只是根據電子郵件清單邀請受眾。會議不是社群。人們從年度會議(也就是休假!)離開後,一直到明年的銷售宣傳以前,根本不會想起這檔事。

這就是利馬社群媒體週(Social Media Week Lima)為何如此吸引人的原因。在社群媒體產業中,俄亥俄州利馬是業內最令人垂涎的目的地之一。利馬這個中西部小鎮是該州最貧窮的城市之一,而且犯罪率高得嚇人。那裡沒有賭場,沒有百老匯表演,沒有海景,沒有遊樂園,根本不可能舉辦受歡迎的年度會議。

然而,利馬擁有潔西卡・菲利普斯(Jessika Phillips)。她憑藉頑強的意志力,將她的家鄉轉變成社群媒體行銷的中心。

利馬的願景

潔西卡告訴我:「我對行銷的看法非常不一樣。做生意應該以真實的人際關係為核心,而不是用廣告和訊息去轟炸民眾。許多人都認為我瘋了,還說我太天真。我原本在這個行業感到很孤單,但我後來參加聖地牙哥的社群媒體行銷世界(Social Media Marketing World),找到一群志同道合的人。他們理解我對商業的看法,我想保持這個聯繫,並且將這種感覺帶回我的家鄉。」

「我認為我們的小鎮值得擁有這樣的東西。利馬很小,但它有很優秀的創作者及出色的企業家,而且我們的小型企業正在蓬勃發展。我想把社群媒體行銷世界的核心理念帶回我的城市,所以開始籌辦『社群媒體週』會議。」

如今,潔西卡的活動吸引來自全美各地數百人參加,但她從當地現有的客群找到持續推動這項活動的火種。她提供的免費培訓計畫,吸引了一群認同她想法的民眾,自然能將這群人聚集在一起舉辦

活動。在她第一次活動時,甚至邀請競爭對手擔任演講嘉賓,藉此宣示這是萬眾一心的社群活動。

眾人在利馬的活動中結交了朋友,彼此傳遞情誼,直說每年都要前來與會。打開知名度後,潔西卡便吸引到來自別州的演講者和與會者。

她說道:「我們的活動是行銷社群的家庭聚會。就像任何家庭一樣,大家會一直保持聯繫。有些表兄弟姊妹比較親密,也許來訪的頻率更高一點。他們會在你需要幫忙的時候出現。然而,任何人只要參加活動,都將發現我們會關心他們……因為我們確實發自內心關心別人。這種互動通常都是發生在私人交流中,就像家庭一樣,但我們也經常在我們的 Facebook 群組中發文,這就像家書。年度會議是讓大家可以聚在一起。」

我參加了潔西卡的活動,可以保證的確感覺像是場家庭聚會!在擁擠的飯店大廳裡,穿著 T 恤和短褲的人們在打牌下棋。只要有一位「家庭成員」抵達酒店時,大家便停止比賽,然後跟他擁抱。有

些人會從卡車上拿出冷藏的啤酒。活動期間，還有人會一起打保齡球。這個社群的成員有自己的語言和傳統。

當成員在舞臺上發言或幫助別人熬過悲傷的事情時，社群的人都會為他們打氣歡呼。無論這些成員是否身在利馬，他們幾乎每天都以某種不起眼的方式共同創造、相互合作和彼此扶持。

參與會議的查德・伊拉－彼得森（Chad Illa-Petersen）說道：「去利馬沒有什麼理由。但我每年都會從德州開車18個小時到那裡。跟其他裝模作樣的保守會議比起來，社群媒體週讓人感覺很踏實且耳目一新。潔西卡有種與生俱來的能力，讓你感覺自己是唯一在那裡的人。她讓你的能力壯大，還認可你的天賦。」

查德第三年出席會議時，被選為會議的發言人，第四年就升格為主持人。「我自己很沒信心，但潔西卡可能比我更相信我自己。她認可我們原本的樣子，但也會敦促我們做到最好。那次的經歷很讓我

震驚,所以我每年都會開車前往。參加她的活動,就像在兩天半裡和別人擁抱在一起。」

在每年的活動中,潔西卡都會「提拔」像查德這樣的參與者去擔任領導。對某些人來說,這可能是生平第一次在大舞臺上演講。她說道:「我不看一個人的名氣,或者他們有多少追隨者,或誰一定會表現得很出色。我想支持我們最大的啦啦隊和宣傳成員。我會尋找渴望有這種機會的人。他們相信我,我也相信他們。有些在我的活動中開始上臺演講的人,現在都登上了全美各地的講臺。他們是我一生的朋友。」

如何透過家庭聚會賺錢?

潔西卡說道:「我不曾從社群或活動中直接獲利,但肯定會有直接的商業利益。我的顧客流失率非常低,這得歸功於社群。客戶參加活動後充滿活力……他們和我同在一條船上,彼此心連心。這不僅是顧客流失的問題,而是關於吸引力,以及人們

如何被我和我的公司吸引。因為有這種活動和社群，他們才對我深具信心。」

「另一個價值是，為我的團隊成員帶來好處。他們是遠距工作，但一整年都很想來此相聚，參加活動，見見他們的朋友和客戶。我現在正打算讓地區學校加入我們的社群媒體，讓他們體驗一下。我正在讓下一代彼此建立聯繫，他們是我未來的員工。基本上我沒有花錢招募人。」

「我們在活動期間創建的內容，推動了我們全年的社群媒體。在我們建立聯繫的人群裡，許多人已經成為合作者（好比查德），不然就是新客戶或推薦人。我們某些客戶參加了活動，現在正共同發想點子，然後一起做生意，我也是其中的一分子，對吧？如果沒有舉辦這次活動，可能就不會有這筆生意。」

「我在這個社群支持別人後也帶來無形的好處。只要透過社群的人脈，幾乎任何生意方面的問題或需求，都能迎刃而解。關係就是商業界的貨幣，這

是你買不到的。社群就是投資資產,可以讓企業順暢運作,但你無法在別處買到這些資產。社群能提供各種利多,讓你做生意時無往不利。」

「在我們的社群中,擁有百分之百未經修飾的真實時刻。這些是聯繫情感的時刻。人們對自己最喜歡的品牌就是有這種渴望。這難道不是大公司花費數百萬美元才能營造的終極體驗嗎?」

CHAPTER 3

社群的商業案例

...

不久前，我回到出生的城市匹茲堡，參觀了賓州最有名的起司店。也許它是美國最出名的起司店，甚至是全世界最有名的。誰能說得準呢？

1902 年，來自西西里島的三兄弟奧古斯帝諾（Augustino）、薩爾瓦托雷（Salvatore）和麥可桑塞里（Michael Sunseri），創辦了一家小型手工義大利麵公司，如今稱為賓州通心麵公司（Pennsylvania Macaroni Company）。這個年輕的移民家族賣力工作，熬過了經濟大蕭條、兩次世界大戰，以及幾乎摧毀他們一切的火災，讓公司得以持續運作。

如今，這家商店在匹茲堡歷史悠久的橫排區（Strip District）[17]仍然生意興隆，每週可賣出 20 萬磅（約 9 萬公斤）的起司。

這家神奇的商店在我們薛佛家族史上占有特殊地位。我的祖父有數十年的時光一直光顧那間店鋪。他是個水管工，上工時若是需要跨越阿勒格尼河（Allegheny River），他可能會從他口中「艾」大利（EYE-talian）商店，帶回一種特殊的香腸或起司。我家當年很窮，能吃到這種美味是大事一件！

我穿過熟悉的紅色店門，踏上古老的木地板，內心頓時升起一股溫暖的感覺。我已經離開四十年，這家店仍然由桑塞里家族經營，規模已經擴大了一倍，但核心和靈魂仍然是起司櫃。玻璃櫃長 30 英尺，裡面擺滿 400 種不同類型的起司，另外有各種想像不到的進口香腸和煙燻肉。

---

[17] 譯按：該區有一棟棟改裝過的倉庫，老式雜貨鋪和食材店櫛次鱗比，極為熱鬧。

我靠牆站著，看著這家傳奇店鋪如何運作。一名綽號「親愛的甜心」（Dear Heart）的員工（因為她都這麼稱呼顧客），向一位頭部包裹彩色圍巾的老婦人打招呼。

「沙利文夫人，您好嗎？沙利文先生這週過得如何？」

「他不太好。」沙利文夫人回答。「他又跌倒了，摔斷了一根肋骨，痛得很啊！」

「噢，親愛的甜心，我的天哪！讓我給沙利文先生多準備一點東西。我們剛剛進了一些他最喜歡的起司。請代我安慰他，希望他能快點好起來。」

沙利文夫人和「親愛的甜心」聊了一會。她替受傷的丈夫買了珍貴的芳提娜起司（Fontina cheese）後，卻沒有離開。她慢慢走到角落，看到一個熟人，很快地就有四個左鄰右舍圍在一起，談論沙利文先生肋骨斷掉的事。然後，這些人聽到一個故事而開懷大笑。我聽不到他們所有的談話內容，好像在講某個侄子的糗事。他當時穿著白色的燕尾服參加高中舞會，結果竟然摔進泥坑。

我看著這平淡無奇的一幕，竟然萌生深深的嚮往之情。我想屬於這裡！我希望有人叫我「親愛的甜心」，

在我心情不好時為我包上特殊口味的奶酪。我想去店裡找朋友並開懷大笑。

這種尋常的鄰里購物場景,只有我上一代的人才有,而我從未有過這樣的聚會場所。我其實「討厭」出門購物,只要在商場裡閒晃,就會感到焦慮。

然而,到賓州通心麵公司並不是去買東西,而是去聊八卦、嗅聞氣味、品嘗食物和開口大笑,甚至「親愛的甜心」可能會給你一個擁抱;這是個有歸屬感的場所。世界在人類歷史上多數時期的運作方式正是如此。鄉村店鋪的老闆知道你最喜歡什麼肉、起司或花朵。你的生日、你的名字、你的孩子,他們通通都知道。

這就是為什麼我敢大膽宣稱,「社群」是最後一項絕佳的行銷策略。

它曾是率先問世的行銷策略,是人們真正想要、唯一的行銷策略。無論在智力、心理或情感層面,顧客都需要它。擷取客戶個資本來可以靠網站的 cookie[18],但日後可不行了,因為顧客在 Web3 環境中會擁有私人「錢包」(wallet)(第十一章會詳細介紹)。如此一來,創建社群有可能是最後一項有效的行銷策略。

我們還有選擇嗎？

你可能別無選擇,也許這樣才能說服各位採納基於社群的行銷策略。許多行之有效的行銷手段正逐漸失效。

市場研究諮詢公司 Forrester 分析師傑・帕帝索爾（Jay Pattisall）表示:「愈來愈難去觸及受眾,行銷成本不斷上升,行銷管道數目還爆量增長,要付給這些管道的費用也大幅上揚。對行銷人員來說,這就像持續燒火的壓力鍋,我們不能只是每年推出三到四次的廣告活動,然後在幾個網路上播放及派發印刷品宣傳。」[二八]

長期以來,最有效的銷售方式十分簡單:購買廣告。廣告有效。廣告很划算。打廣告可讓你（或你的品牌）稍微有點名氣。在我一生的多數時間裡,行銷就是廣告。然後,事情變得不一樣了。

---

[18] 譯按:HTTP cookie,翻譯成「訊錄」或「網路餅乾」。瀏覽網站時由網路伺服器建立,並由網頁瀏覽器存放在使用者電腦的小文字檔。

在一項令人驚嘆的實驗中[二九]，廣告主管泰德・麥康奈爾（Ted McConnell）測試了橫幅廣告如何顯示人與品牌的實際互動，而不是代表一種噪音（noise，人們無緣無故點擊）。為此，他製作了一個沒有任何資訊的獨特廣告。廣告裡頭一片空白！結果如何？

- 空白廣告的點擊率為 0.08％；Facebook 廣告的平均點擊率約為 0.05％。空白廣告的效果比品牌廣告好上 60％。
- 空白廣告的點擊率，大約是「打造品牌」展示廣告（沒有提供優惠的廣告）平均點擊率的兩倍。
- 大約 0.04％的點擊是誤點的。由於展示廣告的平均點擊率為 0.09％，這就代表高達 44％的橫幅廣告點擊是誤點的。

憑藉 Facebook 不斷收集的數據，所有分析展示廣告結果的天才，以及數位專家講述線上廣告魔力，這個實驗在在指出，空洞的廣告（empty ad）勝過品牌訊息。

數以百萬計的消費者已經不看廣告，轉而註冊串流訂閱服務。全球超過八億的消費者，他們的智慧型裝置都安裝了廣告攔截器（ad blocker），這是人類史上最大的一次反叛風潮。

帕帝索爾指出：廣告業「面臨抉擇，要求生存，就得變革」。廣告公司必須「拆除過時的模式部位，否則可能會跟不上時代而慘遭淘汰。」

另一項岌岌可危的行銷策略是**搜尋引擎最佳化**，這是要在普通用語的搜尋結果中排名往前的策略。只有業內最大、最卑鄙、最富有的「垃圾場狗」（junkyard dog）[19]，才能占據搜尋結果的前三名並賺取巨額利潤。其他人只能花錢聘請顧問，並透過作弊的連結手法獲得更高的排名。然而，思來想去，這種手法已經不合時宜。

早該採用全新的行銷方法了，而我們必須將社群納入考慮。

---

[19] 譯按：這種狗肯打敢鬥，狠勁異於普通家犬。作者藉此比喻下手凶狠、拚勁十足的企業主。

Airbnb 的前行銷長喬納森・米爾登霍爾（Jonathan Mildenhall），曾協助將該公司的旅行追隨者轉變為共享居家的狂熱者。米爾登霍爾說道：「人有一種根深蒂固的需求，會想要成為更大團體的一分子。人類還在穴居時，不會坐在篝火邊尋找快樂。我們一直在尋找歸屬感。」[三〇]

社群的歷史性時刻

當我描述「艾」大利商店的社群時，你是否跟我一樣，想要加入這種社群？如果你家附近有這種地方，店家是否必須用 YouTube 廣告打擾你，或者付費聘請 SEO 專家，讓芳堤娜起司能在 Google 的搜尋排名上露臉？不需要。只要顧客歸屬於你，無論是在現實生活中或在網路上，你根本不需要行銷，至少從傳統意義上來說是如此。

告訴各位好消息，你不需要有 400 種起司才能建立社群。這種事正在《財星》500 強企業中發生，同樣發

生在非營利組織、大學、教會和學校。它也正發生在你家附近的起司店。

有時候,一個想法只需要等待一個合適的時機。現在是品牌社群的時刻。早該擺脫社群媒體的「旋轉木馬」（merry-go-round）[20],它愈轉愈快,但到不了任何地方。是時候停止喧鬧不休和打擾顧客,是時候停止發送垃圾郵件和「培養潛在客戶」的手法了。因為,這只是「我會一直煩你,直到你攔阻我為止」的禮貌說法。

讓我們創造一些使我們自豪的東西,那是顧客真正喜歡的東西。

品牌社群並不是創新的構想。第一個網路社群於1985年推出,名為「全球電子連結」（Whole Earth 'Lectronic Link）,也稱為 The WELL。在此引述 The WELL「關於我們」（About）的頁面:它「被廣泛稱為線上社群運動誕生的原始泥漿」（widely known as the primordial ooze where the online community movement was born）。[三一]

---

[20] 譯按:泛指一連串讓人疲憊麻木的繁忙活動。

沒多久，這個網站就舉辦了一系列不拘一格的對話活動，促使美國評論家哈羅德・萊因戈爾德（Harold Rheingold）創造了虛擬社群（virtual community）[21]一詞。

　　隨著1990年代的網路普及，主要品牌幾乎都嘗試建立線上社群，包括寶僑（Procter & Gamble）、福特、IBM和殼牌石油（Shell Oil）。然而，這些早期投入的企業都失敗了，原因有三個：

1. **頻寬限制**。當年的網路速度非常慢，今日認為理所當然的東西（例如分享影片或串流音樂）根本不可能出現。早期的網站跟現今網站相比，簡直無聊得要命！
2. **價格高昂**。品牌必須花費巨資創建自己的網站。例如，這些獨特的品牌網站會要求消費者登入

---

[21] 譯按：又稱電子社群或電腦社群，是網際網路用戶互動後產生的一種社會群體。

名為「Journey」的可口可樂社群網站。然而，這些公司無法讓消費者產生足夠的興趣，讓他們願意多停留看看此獨立社群，額外點擊網頁。Facebook、LinkedIn 和 Slack[22] 之類目前支援數千個免費社群的複雜平臺，當時還不存在。

3. **以公司為中心，而不是以消費者為中心**。第一個品牌社群旨在推廣和銷售產品，而不是提供人們想要的體驗。它是銷售管道，不是客戶社群。後期的社群蛻變為專注於排除疑難和提供客服。

如今，超過 70％ 的品牌社群仍然將客戶服務作為首要目標。[三二] 亞伯丁資產管理公司（Aberdeen）發現，使用線上社群平臺的企業將客戶服務成本降低了 33％。[三三]

---

[22] 編按：Slack Technologies 開發的一款即時通訊軟體，可作為「團隊溝通平臺」。

這是不錯又很有價值的目標,但企業卻忽略了品牌社群的行銷潛力!

這種潛力的另一個指標是:某項社群研究報告指出,在受訪者中,有47%來自科技業。[三][四] 行銷創新仍有大量揮灑的空間。

我們知道,投資社群仍然充滿不確定性。根深蒂固的行銷╱廣告產業綜合體,還在努力維持現狀(即使這只是困獸之鬥)。

然而,對於大膽且勇敢的行銷人員來說,建立社群有許多好處。讓我們接著分析企業為何不能再忽視品牌社群的力量。理由有以下十個:

1. 品牌差異化

如果要挑選一個在大師圈中最常提到的行銷主題,那就是「你需要和競爭對手不一樣」。

如果沒有以顯著且有意義的方式和對手產生區別,到底該如何和他們競爭?(只能靠低價取勝,然後呢?你就只是個商品!)如果你不知道要講什麼故事,那你的行銷訊息能說些什麼呢?

或許你知道差異化很重要,但我想進一步刺激你去構思。談到差異化時,你只有兩種選擇。

一是你擁有無懈可擊的產品、場所或流程。例如,你占據獨特的位置、有專利技術,或者有根本無法複製的卓越品牌形象(如同 Apple 公司)。然而,這種獨特性在商界比較罕見。

二是你用獨特的方式關心客戶,以及和他們溝通。誰都可以使用這招。產品、價格、促銷,這些不難複製。然而,要創造差異化的客戶體驗時,社群紐帶顯然是簡單有效的方法。

有了社群以後,顧客就產生情感,要離開就得付出代價。他們不用你的產品,就要離開認識的人,切斷他們的人際關係,並且犧牲他們在你的社群中賺取的社會資本(social capital)。

2. 市場關聯性

經商要成功,就得持續跟上時代。你要如何跟上文化的腳步、聽懂客戶的語言,以及體察民眾的品味變化?這些都會促使你不斷改變行銷手法。

社群可讓成員持續對話，從中揭露新的契機，讓人跟上時代。行銷就是充當社群和公司其他部門的黏合劑，以便有效回應客戶需求並把握市場機會。

　　每個新構想都源自消費者的意見。如果忽略了某個意見，你就會失敗。只要抓住機會，便能蓬勃發展。下面的市場領先者之所以失敗，就是因為他們錯過消費者的意見：三五

- 智慧型手機：黑莓公司（Blackberry）vs Apple
- 筆記型電腦：史密斯科羅納（Smith Corona）[23] vs 戴爾
- 串流媒體：百視達 vs Netflix
- 百科全書：Encarta[24] vs 維基百科
- 電動汽車：通用汽車 vs 特斯拉
- 數位相機：柯達 vs 佳能

---

[23] 譯按：曾經是美國大型打字機和機械計算器製造商。
[24] 譯按：微軟以前推出的數位多媒體百科全書。

線上群組，是收集和監控消費者對產品或服務有何意見的最簡單方法。全球約有 60％的組織已在其市場研究中使用線上社群。三六

從充滿熱情的社群聽進一個想法，會讓人持續跟上時代腳步，否則你可能會迅速沒落。

3. 訊息傳播速度

企業創新不僅要滿足新的顧客需求，而且要比競爭對手做得更快。線上社群提供了立刻收集即時數據和傳播資訊的平臺。

假設你開了間麵包店，擁有活躍的 Facebook 社群。若想測試一個新產品的構想：麵包店應該在秋天販售南瓜或蘋果香料甜甜圈嗎？只要進行民意調查，花幾個小時就能得到答案。（有可能是蘋果香料，至少我希望如此！）

但隨後下了場暴雨，客流量僅為預期的 25％。現在，你必須處理許多未售出的蘋果香料甜甜圈。不妨在你的社群發訊息，告知有兩個小時的特別優惠時段，或者更棒的是，你免費贈送甜甜圈，這樣就有機會和人們面對面

交流。

這只是簡單說明一下，但此概念適用於任何規模的企業。事實上研究指出，品牌社群最強的競爭優勢就是能夠快速傳播訊息。三七

4. 信任

品牌社群可以快速傳播訊息，但更重要的是，人們會相信這些訊息。雖然將近一半的消費者，不信任直接來自企業的訊息，但只有14％的消費者不信任透過社群傳播的訊息。三八

如今錯誤訊息和深度造假可能會危及某些公司，因此這是至關重要的好處。提供民眾一個可以得到真實訊息的地方。

5. 宣傳中心

我加入了馬路勇士（road warriors）[25]的 Facebook 群

---

[25] 編按：通常用來描述那些經常飛行或開車進行商務旅行的人。

組。大家在那裡分享經驗和技巧,讓疲憊的旅行變得更為輕鬆。

幾年前,有位朋友發布了一張新買行李箱的照片。他聲稱:「這是有史以來最棒的手提箱,有終身保固,是業內最好的工匠打造。」

兩年後,我想要買手提箱,就發了條訊息給他,詢問他當年提到的品牌名稱。

我馬上就買了手提箱,沒有看到廣告、品牌內容或折扣代碼。我買它是因為我信任這個社群的朋友。

此時此刻,我甚至不記得那是什麼品牌。

顧客就是行銷人員。朋友和家人推薦和分享的內容足以塑造品牌形象、展現忠誠度,並且鼓動別人購買。

根據麥肯錫的一項基準研究(benchmark study),擁有有效社群的品牌可以讓顧客更願意支持產品。[三九] 他們發現,在已建立的社群中:

- 超過75%的品牌內容是用戶生成的。
- 影響者參與率(influencer engagement rate,亦即持續按讚、評論或分享內容的觀眾百分比)大

於 2%。（這個數字比許多知名影響者更高！）
- 超過 4%的線上流量會轉化為銷售額，這大約是你在行銷活動中見過的最高比率。

研究表明，透過社群宣傳產品可以大幅降低行銷成本。要打造品牌知名度、增加市場份額和提升銷售量，最好的方法就是讓顧客以自然宣傳方式推廣產品。

6. 品牌忠誠度

社群成員之間若是感情深厚，也能和品牌建立持久的情感聯繫。[四〇]學術界稱之為品牌關係典範（brand relational paradigm）。

品牌社群中的顧客不僅獲得產品新聞和優惠等好處，還創造了情感和社交好處（social benefits），進而長期忠誠。他們屬於彼此。具體來說，他們屬於你。

消費者透過社群積極接觸某個品牌時，會產生某種超越忠誠度的東西，這便是研究人員口中的「依戀／依附」。[四一]某些專家認為，社群的深厚聯繫可讓企業不會因為經濟衰退而受到影響。

- 三分之二的品牌社群成員聲稱對品牌有忠誠度。[四二]
- 27％的顧客表示，品牌社群的歸屬感會影響他們做決定的過程。[四三]
- 66％的公司表示，他們的社群顯然能留住客戶。[四四]

若想培養死忠客戶，不妨讓成員在社群中自由交流並提供不同的獎勵。

7. 共創的靈魂

許多創新品牌正拋棄權威，不再一手主導產品開發，轉而讓客戶參與其中。命令和控制已不再，協作和集體正當道。Nike和NBA之類的創新者與他們的社群合作，推出前所未見的產品，然後將部分智慧財產權和利潤分配給創作者。

從2018年以來，IKEA一直在培養最有效的共創社群。數千名剛嶄露頭角的設計師參加訓練營、在該公司測試實驗室合作開發創新產品。如果家具或產品設計的建議，得到社群的點讚支持（up-vote），IKEA可能會向客戶取得技術授權，提供現金獎勵，還有機會同意將

來提供資金製造產品。

另一個例子是美容品牌 Glossier 創建的私人 Slack 群組。[26] 該品牌專門為最佳客戶提供了平臺，可以談論美容、組織聚會和討論新產品。乳白果凍潔面乳（Milky Jelly Cleanser）是 Glossier 最暢銷的一款產品，它將其歸功於社群的共同創造。[四五]

樂高創意社群（LEGO Ideas community）讓粉絲貢獻新產品的創意。如果某個計畫在社群中獲得一萬票，樂高就會考慮將其納入生產行列，藉此激勵顧客，也讓他們在社群中享有崇高的地位。

你可以透過社群，發起一場準備大規模協作和貢獻者創造運動。

8. 社群即服務

為什麼人們要為鄉村俱樂部和菁英專業協會支付高

---

[26] 編按：Glossier 除了在社交媒體與客戶緊密溝通，更邀請最忠實的客戶加入其 Slack 討論群組，彼此交換資訊。

得離譜的會員費?是為了和一群百萬富翁在門廊上喝波本威士忌嗎?當然不是。而是因為可以在那裡結交朋友,彼此分享市場訣竅、探得房地產交易訊息,以及聆聽別人的商業見解。

對多數人來說,加入這些專屬俱樂部根本遙不可及,但我們是否可以加入菁英線上社群來獲得相同的人際交流優勢?

CaaS 是 community-as-a-service(社群即服務)的縮略寫法,也是現今愈來愈流行的構想。這種構想為「接觸一群人是具備價值的,足以將其視為有市場的產品」。[四六]

其中一例是 socialmedia.org,它是管理數十億美元品牌社群媒體的專業人士所組成的專屬社群。付費會員可以獲得其他大公司同儕的想法和解決方案。其母公司為許多其他的垂直行業[27]經營菁英社群。

在這個模式中,社群就是企業。

---

[27] 編按:特定行業中的不同部門或領域。

9. 社群與文化的聯繫

年輕受眾正離開面向大眾的社群平臺，轉而湧向更小型且更私密的網路場域。數位行銷專家莎拉・威爾森（Sara Wilson）將這些場域稱為「數位篝火」（digital campfire），年輕消費者在那裡相互傳遞訊息、與相關社群聯繫並創造共享體驗。[四七]

最重要的文化時刻不是透過傳統媒體、電影或節慶而發生，它們發生在這些封閉的線上社群中。

- 嘻哈藝術家崔維斯・史考特（Travis Scott）在《要塞英雄》（Fortnite）遊戲中舉辦了五場系列音樂會，吸引超過 2,700 萬粉絲參加。
- 遊戲平臺《機器磚塊》（Roblox）舉行為期兩天的饒舌音樂會，獲得了超過 3,300 萬的觀看人次。
- Spotify 利用它的社群，找出影響推薦引擎（recommendation engine）的新音樂家和文化趨勢。

COVID-19 疫情加速了數位篝火運動,使其成為形塑現代文化的一股力量。行銷人員不能忽視它們,第十二章將深入探討這一點。

10. 消費者數據的解決方案

在過去二十五年,所謂行銷,通常指收集和利用消費者數據後,針對客戶提供產品優惠和製作廣告的能力。如今,新的隱私權法案逐漸出爐,消費者資料庫日漸耗盡,許多依賴這項數據的行銷者面臨危機。

然而,在品牌社群的圍牆內,消費者可以自由表達個性、價值觀和產品偏好,進而提供豐富、全新的第一手資料。這足以納入「後 cookie」世界的解決方案,藉此以全新角度處理顧客區隔(customer segmentation)[28]。

……還有更多。

目前尚未討論社群的另一個重要商業利益:員工滿意度和留任率。第二章末尾的案例分析中,提到潔西卡‧

---

[28] 譯按:將顧客依照某種條件進行區分,以便從事行銷活動。

菲利普斯如何透過社群，不用花錢便能招募到員工。雖然，成功的品牌和員工社群有許多重疊之處，但也存在眾多差異，個中細節千絲萬縷，我不想在本書深入探討，只想在此稍微提點一下。

自我價值和自我認同

本書一開始便指出，這是個充滿壓力的世界，我們非常渴望有歸屬感，進而促成這個時代不可否認的大趨勢。然而，企業創造的社群真的能讓人不感到沮喪和孤獨嗎？

答案是肯定的。

1986 年出現一篇著名論文，標題為〈群體間行為的社會認同理論〉（The Social Identity Theory of Intergroup Behavior），此後引發了大量後續研究，特別是在行銷領域。[四八]根據這個理論，一個人的身分是由兩個部分組成：

1. **個人認同**：源自於人格特徵，譬如能力、技能和信念，這些是你可以用來了解自己的東西。
2. **社會認同**：來自於對某個群體的歸屬感，並且基於別人對你的看法，以及他們傳遞你是誰的資訊。

當個體屬於某個品牌社群時，就會產生一種互惠互利的連結。根據研究人員得出的結論，在社群中體驗和表達對品牌的熱愛，**不僅有助於營造個人的自我價值，也能積極正面宣傳品牌**。四九

品牌社群可以提供很多好處和機會，我能繼續說下去。與其讓我直接告訴你，不如讓我的朋友達娜・馬爾斯塔夫（Dana Malstaff）在第四章向你展示！

案·例·分·析
社群的投資報酬率

摘要：一家運動服飾零售商得力於社群貢獻，將某個標準產品的售價提高到三倍。

　　網路存在許多謎團，其中之一就是我們為什麼會看到網路提供的內容。我在看 YouTube 時，系統向我推薦了一部影片：「為什麼露露檸檬（Lululemon）的緊身褲這麼貴？」這讓我很困惑，因為我既沒有在露露檸檬購物，也沒有穿過他們的緊身褲。

　　更讓人不解的是，YouTube 顯然知道我會點擊這個該死的影片。我想我是一隻受 YouTube 行銷火焰吸引的飛蛾！

　　露露檸檬於 2000 年在加拿大溫哥華成立，當時只是一家銷售瑜伽裝備的商店。該公司後來迅速擴張，成為深受喜愛的全球品牌。它的產品很貴但經

常快速售罄（95％的銷售品都沒有打折），但這家零售商還是培養了一批狂熱的粉絲。

好了，回來談談緊身褲，就是穿在腿上的貼身高腰服裝，通常是女性才會穿。緊身褲的平均零售價約為 30 美元。

然而，最便宜的露露檸檬緊身褲，一件就要 100 美元，最高可達 140 美元。據估計，這項商品的加價幅度（markup）[29] 接近 3,200％。[五〇] 真是嚇人！

儘管這家公司以對設計、耐用性、合身與否和布料品質十分關注而聞名，但能夠將價格訂得如此高昂，是透過露露檸檬文化所建立的歸屬感。它透過以下三種方式幫助客戶獲得歸屬感：[五一]

---

[29] 譯按：商品或服務的售價與成本之間的差額，通常以成本的百分比表示。

1. 揮汗的集體

露露檸檬的顧客被稱為「揮汗的集體」（The Sweat Collective），這可以團結和激勵客戶，使其積極生活。

這家公司在它的商店、社區和網路，創造了獨特、包容和社區化的體驗。例如，顧客可以選擇參加店內的瑜伽課程、社區的十公里路跑比賽，或者加入線上運動。

露露檸檬也正在嘗試開辦各家「體驗店」，總占地二萬平方英尺，配有瑜伽室、打坐空間、冰沙、咖啡吧和社群活動區域。

一項名為「鏡子」（MIRROR）的技術產品，透過尖端的硬體、回應式軟體和一流的內容，模擬工作室內的鍛鍊體驗，可將任何地方轉變成完整的家庭健身房。顧客可以根據自身需求，體驗數千種鍛鍊活動，從拳擊、瑜伽到舞蹈，五花八門，應有盡有。

2. 啟動社群領袖

社群建立在信任的基礎上，而信任通常與某個人有關。在每家新店開幕的前一年，露露檸檬都會考察附近地區，尋找有影響力的瑜伽、跑步和健身教練，看這些人是否願意成為社群大使。

商店選擇當地大使作為領導者，藉此反映該公司的文化，以及對健身和健康的熱情。這是一種夥伴關係，能與來自該城市的真實地方人士建立真正且吸引人的關係。

3. 員工會發起對話

鼓勵商店員工（稱為「教育者」）和顧客討論運動目標與健身技巧。他們看起來更像健身夥伴，而非銷售人員（他們被要求穿得像要去運動一樣）。

露露檸檬的員工通常都是運動員，因此他們和客戶有共同的價值觀。每個零售點的組織和設計，都是為了鼓勵員工和顧客對話。員工擁有高效率的

商品庫存和店面維護系統,因此能夠挪出更多的時間和顧客互動。

露露檸檬的社群關係經理妮娜‧加德納(Nina Gardner)表示:「我們會和顧客維繫關係,這才是我們和別家銷售服裝的零售店真正不同的地方。我們一直在營造人際關係。我們正在建立社群。」[五二]

由於有這種社群文化,露露檸檬「揮汗的集體」比地球上任何零售客戶群花費更多、表現出更高的品牌忠誠度,並且讓該公司享有更強的獲利能力。

他們不是顧客,他們是一個社群。

CHAPTER 4

從全職媽媽
到 50 萬美元的事業

...

這個故事始於聖地牙哥市中心 Broken Egg 餐廳的一頓早餐。第三章則是從一家起司店開始的,知道我要講什麼主題了嗎?

2018 年,我在一次產業會議的早晨講者聚會上認識了達娜‧馬爾斯塔夫。當時我在撰寫《行銷叛變》,正積極尋找替代方案,以取代不再有效的過時行銷技術。我從達娜身上看到未來。

我和達娜攀談後發現,她在短短幾年便建立了一項

快速成長且價值50萬美元的業務,但她沒有銷售或行銷團隊。

這值得再說一次,達娜的行銷預算為零。她不投放廣告,也沒有促銷活動。她經商後的八個月,收入就達到了六位數,那時她的生意每年都擴增一倍以上。

這番話引起你的注意了嗎?

達娜做生意時完全仰賴社群。以下是她親口說的,這是她的故事。各位即將體驗運作中的社群有何等威力。達娜,快講故事,我們洗耳恭聽!

事業中斷

「在職業生涯初期,我在很多新創公司上班,但後來找不到自己真正想做的工作。我喜歡一間公司,但他們無法雇用我當全職人員。他們願意聘我為自由工作者,讓我為他們做專案。那時我突然意識到⋯⋯我不應該找一份全職工作,人們只會為了我的部分時間和部分腦力付錢給我。我可以從一個專案跳到另一個專案,為什麼

還要再做全職工作？」

「我對此感到興奮，便開啟了職業生涯的新階段，然後我發現自己懷孕了。」

「我處於一個奇怪的境地，非常想開創自己的事業。我想創建網站。我想成立品牌。但我現在要面對孕吐和恐懼，因為懷第一個孩子時很可怕。」

「身旁沒人理解我經歷的事情。沒人知道我為什麼想要創業，我的朋友都沒有生小孩。我感到孤獨且徬徨無助，但我們決定從俄亥俄州搬到我家人居住的加州時，情況有所好轉。」

「我真的非常幸運。我在加州遇到很多自己做生意的媽媽，每個人看起來都是企業家！和志同道合、有共同目標的人在一起，會改變你的生活。然而，我也看到了機會。沒有人將生意視為一個社群。他們認為那是人脈網絡，那是友誼，但不是一個人們互相扶持的社群，一個有共同責任、共同領導和共同信仰的地方。」

「我結交了一位新朋友，他專門指導人們如何成為新進作家。當時的我嘗試了幾種經商概念，可是沒有賺到多少錢。我主修新聞學，一直想寫本書，所以就開始

動筆寫作。我打算寫一本探討內容行銷的書，最後完成《老闆媽媽》（*Boss Mom*，暫譯）一書，那是一本關於如何整合創業和為人母親的書籍。我公開談論媽媽們當企業家時特有的內疚、壓力和焦慮。」

「我挖掘了母親們最原始和急需的東西。我在書中提到的想法引起了**轟動**，當時我並不知道自己正在催生一個社群。」

第一批社群成員

「我寫這本書時參加了各種 Facebook 社群，想讓別人知道我在做什麼。多年來，我就是用這種策略去建立人際網絡。我會說，『我想給它取這個名字』，或者『這裡有一些封面，大家覺得怎麼樣？』這非常重要，因為我發現不必獨自做決定，而且我的新朋友對我所做的事情也會很興奮。」

「這是很重要的市場研究，也讓我在這些群體中小有名氣。我開始出名。我提出寫書的點子後，別人和我

的互動次數愈來愈多。有時我的一篇貼文會收到 400 至 500 則評論。」

「顯然我讓別人對我的書產生興趣，同時奠定了引領一場運動的基礎——我在自己社群擁有了第一批粉絲。我以為自己在做研究，但我同時將人們聚集在一起，共同實現我們都熱衷的構想。我開始感覺這不僅僅是一本書。」

「『老闆媽媽』社群就是這樣開始的。我跟其他優秀的企業家一樣，看到勢頭出現，只是透過個人關注來煽風點火。我想把自己擁有的一切都投入到這個新社群中。」

「我創建自己的 Facebook 群組，很快就從其他群組引進一百多名成員。由於人們對這本書十分感興趣，我很快就有了 200 至 300 名成員。」

「『老闆媽媽』背後的目標始終不變，就是鼓勵想創業和成家的女性。我想讓她們不要覺得自己是個壞母親。如果你熱愛自己的事業，不代表你就會忽略孩子。」

「第一次有一群企業家承認，她們可能不是 20 歲的年輕人，每天有 20 個小時可以揮霍，而且會在海灘上敲

打筆電賺錢過生活。對多數的媽媽來說,人生的大目標就是獨立謀生!人各有選擇,這是我們要過的生活,但身為人母,並不表示我們不能為自己創造自由的空間,經營賺錢的生意。」

「我曾經讀到一句話,人的目標就是你願意為其受苦的事。這就是我的目標。」

「為了保持這種勢頭,我同時推出社群、《老闆媽媽》一書,以及新的 Podcast。現在人們可以透過不同的方式和我聯繫,也能和我狂歡作樂。」

「由於社群的支持,人們開始買這本書,《老闆媽媽》在亞馬遜網路書店多個類別中排名第一。這激發了人們對這個新社群的興趣,也對其中發生的事情感到自豪。我受邀到 Podcast 談論這本書,然後吸引了更多人加入我的 Facebook 群組。我並不著眼於這本書能否登上排行榜冠軍,只專注於需要分享的訊息。」

「我知道推動這本書的首次力道會逐漸減弱,因為社群只有這麼多人,而且她們都是媽媽,生活非常忙碌。如果我想讓社群永續發展,就必須透過 Podcast 和 Facebook 群組提供新的價值,來引起更多人關注。從那

時起，我開始專注於內容、指導和訓練。」

社群平臺

「我加入第一個 Facebook 群組時，發現它更偏向以社群為基礎，那裡可以聽到集體的聲音。我嘗試了外部所有平臺，但最終選擇 Facebook，因為它容易使用，而且在建立友誼和深厚聯繫方面效果最好。我需要一個不以我為關注重點的地方。」

「我一直跟人爭論一件事。就是有人告訴我，說他們在 IG 上有一個社群，但我說他們沒有，那只是一群人的評論。如果這些人走了，評論的網友也會離開。IG 和多數的社交媒體平臺一樣，沒有集體的聲音。」

確立目標

「社群的第一階段是確定目標。你的信仰體系是什麼？人們需要什麼才能擁有歸屬感？我們一起蓋的房子要長什麼模樣？這就是吸引別人來加入你的原因。」

「最大的錯誤就是邀請一群付費客戶加入 Facebook 群組，然後將他們稱為社群。不，那不是社群。」

「你不能讓人們互相競爭。他們必須相信自己為什麼要來這裡，也要相信一起工作會得到好處。」

「『老闆媽媽』的基礎只有一個，而且非常具體。我本來可以創造一個普通的創業團體，或是為父母創造一個團體，但我的社群是為了媽媽們服務。不是為所有的媽媽，而是為了不願意犧牲與孩子相處的時間來發展事業的媽媽。那些媽媽的思考、行動和感受都不一樣。這就決定了我們的信仰體系。」

「我想讓女人熱愛自己的事業。這其實是我唯一可以發起的群組，因為它的目標非常明確。」

透過「社群階梯」提升他人

「隨著社群逐漸發展,會有一些你無法自行完成的基本事情,譬如歡迎新成員、入會流程、交流連結,甚至於培訓。社群若想自我維持,需要有志工分擔工作。」

「所謂社群,就是每位成員都有自己的空間、可以發揮能力和做出貢獻。根據『社群階梯』(community ladder)的概念,我們為每個人提供貢獻一己之長來協助社群發展的機會。有些人會因為協助別人遵守團體規則,而感到自己具有價值。女人天生就很會和別人聯絡;她們喜歡標記別人並結識新朋友。有些人則是善解人意,會傾聽別人的心聲,成為別人哭泣時可依靠的肩膀。如果你今天心情不好,她們會打電話給你。我們有啦啦隊,只要我們成功了,她們就會高聲慶祝。還有其他林林總總的角色。這並不是要控制一切。你想要控制時,就會忽略人們其實是希望成為有用的人。」

「對群組最熱情的人,就有機會踏入收費業務(「轉變社會的培育士」〔Nuture to Convert Society〕[30]),擔任進步教練(progress coach)的角色。你會發現那些

想要做得更多的人，因為她們非常認同你所做的事情。」

「我們也讓通過商業認證計畫（business certification program）的女性，從社群內吸引新客戶。我們可以看到需要更多幫助的人。因此，招募想要學習這種特殊輔導技巧，但又不想自己行銷的現有社群成員是合理的。這樣做真的很有成效。」

「我們充分利用最資深的會員，尤其當他們去擁抱新會員時。妮可（Nicole）是我們的聯繫總監，負責監督入會流程。她會確保新成員能認識社群中有類似興趣的人。然而，妮可不可能認識所有人，因此必須仰賴資深志工的幫助。每位新的社群成員都得接受性格測驗，以便讓她們連結搭配其技能的成員。」

「我的目標『不是』打造基礎設施。我不想要有員工，不想養一堆教練。我希望『老闆媽媽』的女性們醒來時會說：『我有蒸蒸日上的事業⋯⋯但我想下午二點

---

[30] 編按：除了「老闆媽媽」，達娜・馬爾斯塔夫更創辦 Nurture to Convert，協助社群成員調整業務訊息傳達方式。

去接孩子放學。我不想每週工作 30 小時。』自由代表選擇。你選擇以自己的方式生活。只要她們有企圖心,就可能打造穩定收入達到六位數的事業,而且每週只要工作 20 個小時。」

建立情感聯繫

「我創造系統和善用社群內部的價值,便有更多時間去建立深厚的情感聯繫。我擺脫大部分的行政干擾後,就有空記住別人和她們孩子的名字,也可以了解她們面臨什麼樣的壓力。然後就知道該如何透過新的培訓和構想,更妥善地服務她們。」

「多數企業永遠無法達到這個水準,因為當他們創建系統時,心裡想的就是要控制社群。這是傳統的老舊思考模式。他們認為,沒有控制社群就不可能成功。他們沒有抓到重點,忘記最初懷抱的熱情,然後開始專注於組織和後勤,認為那是必須嚴格管理的事。」

「我說過好幾個格言,其中一個是建立自我維持的

社群是企業的最終目標。我想建立這種社群，這樣別人就不再需要我了。將自己置於社群核心是自負的，因為你認為少了自己，就沒人能夠成功。這種人不是想要社群，而是希望受人尊重。」

「身為社群領袖，你就是從旁協助，鼓勵人們蓬勃發展。當你管理時，你是『告訴別人該做什麼』。當你從旁協助時，你是『詢問別人需要什麼』。這是讓社群成員深度參與的基石。」

「你的工作不是要和一起合作的人建立相互依賴的關係。你的工作應該是創造個人成功和獨立。」

「我開始了解自己不可能認識所有的社群成員。交流必須是自然和隨機的，要讓每個人都覺得自己有機會和別人建立聯繫。」

「我們做到這點的其中一種方法，就是向成員發送影片訊息。只要有人註冊付費的社群，我們會請她告知生日，以及提供需要別人慶祝或關心的日子，因為那是她們會感到哀悼或悲傷的一天。我為那些日子製作影片，然後自動化系統會在正確的日期將影片發送出去。這就像我給予的一種虛擬擁抱。我想讓她們知道有人愛著她

們,她們是很棒的,而且可以熬過這一天。」

「我們發出這些影片後,收到的電子郵件數量驚人。有一位女士告訴我:『我流產過,妳的影片非常棒,因為沒人知道我今天很悲傷。』即使這些影片是系統自動發出的,卻能營造一個有價值的高光時刻。」

「建立情感聯繫是建立忠誠度的關鍵。別人會覺得我真的很在乎她們,會把她們當人來看待。多數人只專注於銷售,只會慶賀那些成功的人。我在社群的目標是要慶賀每個人,讓她們知道即使自己尚未成功,別人依舊很重視她們。企業發展不順利時,不一定表示誰出了問題。我們如何培養這些人?如何深入挖掘並幫助她們成功?一旦發生這種情況,人們就會談論你。」

界線和成長

「我讀過一項研究,當狗主人和狗在開放空間的公園長凳上坐著時,狗狗有80%的時間都會坐在主人旁邊;然而,在有圍欄的環境中,同一隻狗幾乎會在遠離主人

的地方到處走來走去。」

「這對社群來說也是個很好的課題。人們會對界線做出反應。當我們提供安全和創造界線時，就能讓人更獨立。身為領導者，這是我的首要工作：我要替我的社群創造安全感。讓成員可以自由成長和追求成功，我創造了不可改變的界線。」

「我們堅守了界線，讓成員感受熱情、積極參與和自由成長。這就是別人推薦我們的原因。我們的立場非常明確。」

「我們現在有七萬名會員，人數仍在快速成長。但即使到了這個層級，我們仍然能鼓勵許多人去參與和建立聯繫。成員會找到新朋友、建立新的業務關係、收聽彼此的 Podcast，並以令人驚訝的方式合作。我們有這麼多的志工，所以仍然可以在這種規模的團體中，建立親密關係和彼此聯繫。」

社群文化

「我在這個社群中最重要的角色,是保護文化和我們共同的信仰體系。」

「這個社群的目標是要提升女性能力,無論她們想賺取額外收入或想要多點假期,甚至是建立一個商業帝國。我們會提供資源去幫助她們,讓她們在不犧牲家庭生活的情況下辦到這點。這就表示我必須加強接納（acceptance）和安全（safety）的文化。」

「我的角色是讓女人感到自己有價值。不安全感會以各種方式滲透到我們的日常生活中。我們會因為自己的外表、感受、養育孩子的方式,而受人批評。我們會因為把孩子送到課後的託管場所,以便挪出時間做事而感到內疚。」

「我們正在『老闆媽媽』內建立一種健康和與眾不同的新型文化和生態系統。它是安全的。沒有人會隨便論斷。把愛傳出去（pay it forward,將正向的事物傳遞下去）。」

對品牌的忠誠度

「擁有社群並不是要進行銷售、推銷、販賣,而是要提升人們,讓社群成員感覺自己受到重視。」

「我得說清楚,必要時我也會行銷,但我不用這樣做。我們有一個以誠信為基礎的社群。如果你有誠信,就能和別人開展關係,而關係就是培養忠誠的開端。 如果別人對你忠誠,你就擁有一切。」

「任何企業都很難獲得忠誠度,但在以誠信為基礎的社群中,忠誠度會隨著時間的推移而自然發展。當有人願意為你奮(打)鬥時,你就知道自己的社群真正發揮了作用。所謂忠誠,就是只要有人敢對你說出刻薄話,就有人會放下手套,然後說:『你想單挑嗎?』」

「我們的業務透過源源不斷的推薦而持續成長,因為別人非常相信我們在做的事情。大約有三分之一的銷售額來自社群以外。」

「跟創業相比,發起一項運動(風潮)比較容易。企業就是賣東西賺錢,這是企業的本質,但沒有很多企業會去發起運動。」

「如果我能讓人們在雨中為我在乎的事情大聲喊叫，這時就引發了一場運動。」

社群變現

「『老闆媽媽』的 Facebook 群組完全免費。我早期曾針對產品的『限時拍賣』收費，這是我測試新內容創意並從中賺取一些收入的方式。幾個月後，我創辦了『老闆媽媽學院』（Boss Mom Academy），是為期六個月的付費團體輔導計畫。」

「到了第四年，我們嘗試第一個會員計畫，允許人們以大約 60 美元的價格瀏覽資料庫。立即有五十到六十人報名，而我從中了解，媽媽們不需要有哪些選擇，只需要有人支持她們的決定。提供無限制的內容擷取並不適合她們的生活方式。我需要建立別人可以跟隨我們，並在幾年內和我們一起成長的系統。」

「那件事發生在第五年。我們發展得非常迅速，開始向我們『轉變社會的培育士』收取會員費。這是幫助

『老闆媽媽』持續成長的基礎團體輔導計畫。我們立即有了銷售成績,因為我們提供更具策略性、更能引導人們成功的創業流程,而不是一直隨機添加內容。」

「如今,我們大約 70％的收入來自社群會員。約 10％來自研討會,10％提供諮詢給受社群吸引而來的客戶,10％來自我們的專業認證課程。」

衡量標準

「社群要活躍才算健康。互動率(engagement rate,人們發文和評論的頻率)可以幫助我們的領導者做正確的事。我們跟得上時代、知道別人在想什麼嗎?我們提供的內容,是否讓人進行有用的對話並讓她們思考呢?我們希望互動率是穩定的。」

「我們當然會關注社群的發展。這或多或少取決於 Facebook 的推薦演算法,因為我們的群組得到很多推薦,但我們最好的成員是由他人轉介而來的。發展社群可以幫助我傳達訊息,以及讓這項運動蓬勃發展。」

「下面是另一個衡量標準：社群的新聞是否傳播到社群外面？是否有人邀請我接受 Podcast 和視訊採訪？受到社群以外的媒體專訪可以提高知名度。」

「最後，我當然會關注銷售和銷售線索（sales lead）[31]。銷量增加就表示我正在向相關受眾提供有用的產品。」

有價值的未來

「在我經營『老闆媽媽』多年以後，發現導師和學徒的學習過程非常重要。教學相長，這是一種美好互惠的關係。我的終極人生目標是讓人更容易學習，如此就能開發大學教育以外的替代方案。讓我們互相學習，而不是坐在教室裡聽課，那種方法會扼殺學習樂趣！」

---

[31] 譯按：lead 表示「潛在客戶」，完整說法就是 information that may lead to a sale（促成銷售的訊息）。

「我希望有一百萬女性醒來時,感覺自己受到重視和具有價值,知道自己在世界上的位置,知道自己的價值,知道自己能有所成就,這樣便能創造出價值感,讓人過上美好的生活。」

「我們正在進行的另一項計畫:提供橋梁,讓認證者日後得以成立企業。也許她們還無法創業,但我們可以訓練她成為虛擬助理(Virtual Assistant)[32],幫助她們賺取一些收入,然後進展到下一步。我們發現成員非常需要這項服務,而且缺額很快就預訂一空。也許她們要六個月或一年,才能準備好開展自己的業務。」

「我不打算成為百萬富翁。我的目標是替人創立可持續的企業,幫助她們得到別人的認可、覺得人生有價值,以及認為自己活得有意義。」

---

[32] 編按:透過網路執行遠端服務。

CHAPTER 5

社群的關鍵架構

■ ■ ■

前三章提到以社群為基礎的行銷,並且探討相關的情境。我概述了一些讓人印象深刻的社群經濟效益。在第四章,「老闆媽媽」的達娜分享自己如何建立良好的社群,然後逐步成立興旺的企業。她能成功是因為以下將討論的六個關鍵點。

文化

達娜建立了社群優先的文化,這種文化滲入到組織

的每則訊息、政策和產品之中。

社群的各個層面都與她激勵母親創業的願景一致。她沒有為了成功而承受必須不斷銷售的壓力。她打造了一處安全場所，讓社群蓬勃發展，進而奠定事業基礎。

目的

第一步是明確定義目標，這同時是凝聚她的社群團結的關鍵「號召」。

請各位注意，她的目標：「讓想成為媽媽並經營企業的女性提升能力」，完全以客戶為中心。推動社群發展的夢想是「替人創立可持續的企業，幫助她們得到別人的認可、覺得人生有價值，以及認為自己活得有意義」。達娜從未提到任何季度銷售目標。

從人性的角度來看，這是一種常識。我們通常不會效忠一個只想騙我們錢的社群。然而從商業角度來看，是一種激進的想法。這表示達娜在基於社群的企業中，她的行銷不涉及行銷，至少不是傳統意義上的行銷手段。

匯聚成員

達娜的社群有超過七萬名成員,這是由對她的想法感興趣的朋友們匯聚而成。多年來,她一直使用老派的人脈網絡尋找第一批支持者。

社群最初的動力來自於一項活動,就是為她的書提供意見。然後,社群停滯了,沒有繼續成長。達娜必須透過內容和提供指導為社群注入活力,讓人們有新的理由繼續貢獻心力。

成員為了共同目標而努力,讓社群最終得以自我維持。達娜在 Facebook 上建立平臺,這是社群成員熟悉的地方,也是她們日常生活的一部分。

重新分配權力

達娜果斷談到要放棄自我,讓社群去自我領導。她創造了帶薪職位,只要志工真正展現領導能力,她就會提升這些人的地位。

然而，她獨特的角色和願景至關重要：她是這項文化的護衛者。達娜告訴我，她唯一的工作就是讓社群成員感到安全。

達娜引領社群下一步的發展方向。「老闆媽媽」必須隨著時勢而改變，否則可能會被時代淘汰，變得無關緊要。

將基於社群的企業變現

達娜成立「老闆媽媽」之前是從事銷售工作。然而，她不必在這個基於社群的企業中進行銷售，因為相關、敬業且忠誠的成員會替她完成這項工作。她們購買達娜的產品，是因為相信社群的宗旨並信任達娜。這些人非常忠誠，不僅帶來新會員，也會到處推薦業務。

從各種角度來看，達娜的社群成員是銷售和行銷團隊。只要社群能夠發展和繁榮，她的生意也就跟著發展和繁榮。

衡量

達娜的主要衡量標準與建立品牌有關：參與、成長和認知。這些措施表明社群很重要，並且必須一直服務成員。

要將建立社群納入行銷策略，就得引入衡量的新構想，但這樣可能無法完全符合現有的試算表格（spreadsheet）或儀表板（dashboard）[33]。

重點來了……

第一部分到此結束！我希望各位已經開始明白基於社群的行銷，能夠帶來絕佳機會。

第二部分將根據這些想法進行探索：

---

[33] 譯按：數據可視化工具，用來呈現和分析企業數據。通常以圖表呈現數據，讓用戶得以快速理解和解讀數據，從中獲得決策依據。

1. 調整組織文化。
2. 建立以顧客為中心的目標,讓人們願意聚集起來。
3. 成立你的第一個社群,或者找到一個已經存在的社群。
4. 社群行銷成功所需要的新領導思維。
5. 衡量——對於任何社群來說,這是最讓人頭痛的問題!

各位該踏上創立基於社群企業的旅程了,第一站就是檢視組織文化。談到社群時,公司文化可能是決定成敗的因素。

案·例·分·析
不再靠馬克杯

摘要：愛麗絲·費里斯(Alice Ferris)
使用非傳統的社群方法讓客戶達成募款目標。

在美國，非營利機構（尤其是公共電視臺和廣播電臺）募款時，都會贈送馬克杯。「只要各位在接下來的一小時內捐獻，您將獲得這款獨特的桃莉·巴頓（Dolly Parton）[34]馬克杯（DVD或手提袋）。」這是常見的宣傳方式。

接下來的故事是關於一位勇敢的女人，她讓非營利組織擺脫送馬克杯的舊習，轉而著眼於價值和

---

[34] 譯按：美國女歌手和慈善家，以創作鄉村音樂聞名。

社群進行籌款。愛麗絲是一家成功的募款公司的共同領導人，曾在非營利領域擔任影響力十足的董事，引領這個產業的思想走向。

她對於募款的熱情始於兜售餅乾。

愛麗絲說道：「我第一次接觸募款，是在威斯康辛州麥克法蘭（McFarland）當女童子軍（Girl Scout）時。在我所在地區，我是最會賣餅乾的女童子軍。我非常幸運，因為我敲了一位女士的門，她要用很多盒女童子軍餅乾製作她著名的薄薄荷派（Thin Mint pie）……所以我就把餅乾賣出去了！」

「讀高中時，我夢想進入電視產業。威斯康辛州公共電視臺當時正在為年度募款活動尋找志工。我自願在那裡服務，以此度過了剩餘的高中時光。當我就讀威斯康辛大學時，電視臺聘用我擔任製作組成員。但籌款辦公室需要人手幫助，我渴望獲得經驗，於是自願報名參加。不知不覺中，我就負責籌辦他們的年度籌款活動……那時我才 20 歲！」

2001 年，愛麗絲和人共同創立了 GoalBusters

Consulting 公司，在這以前，她曾在籌款領域擔任數個領導職位。當時，她已經參與過數十項非營利組織的募款活動，許多活動都有一個共通點，就是會贈送小飾品。

她說道：「募款的重點就是交換。我需要你支持我。你有錢，那麼，我能給你什麼來說服你支持我的計畫呢？我們彼此沒有真正的關係。人們捐款，有人就會寄給他們一些獎勵品。在我職業生涯的初期，我們基本上是在賣馬克杯和 VHS 錄影帶。」

「我進入非營利產業的其他領域時，因為沒有東西可賣，事情就變得非常難辦。我曾經替亞利桑那州旗桿市（Flagstaff）的羅威爾天文臺（Lowell Observatory），負責籌辦計畫。沒有小飾品可賣。它不是隸屬於大學的私人天文機構。冥王星就是在那裡發現的，這才是主要的賣點！」

「我得讓人們相信要支持這座天文臺，無需去賣馬克杯或 T 恤。他們捐錢後能對科學產生什麼樣的影響？我們該如何滿足他們對科學的好奇心？」

「我開始探索捐贈者的想法,想知道他們有什麼需求。我當時還沒到達『社群』階段,但是我不斷改變自己的做法。我思考當一個人支持非營利組織時,他們能夠扮演何種角色,和我們一起尋求意義和追尋目標。我在翻轉局勢,從關注「我、我、我」的非營利機構優先的做法,改為去滿足捐贈者的需求。」

「在我上任以前,天文臺已經舉辦過葡萄酒和起司派對,但我們的支持者是一群天文學極客(geek)[35]。他們真的想一邊吃起司,一邊和別人社交嗎?我想不是。如果我們舉辦天文學講座,他們就會蜂擁而來。我看到將人們聚集在一起的力量。就在那時,我的理念發生了翻天覆地的變化,從交易買賣轉變為營造歸屬感。我們如何讓支持者聚在

---

[35] 譯按:又譯技客或奇客,泛指智力超群且善於鑽研但不愛社交的一群技術狂。

一起,並與我們相處;以及如何透過協會與我們的組織建立關係和情感聯繫呢?」

「我透過我的公司再次向公共廣播電臺提供諮詢,但那時應該要擺脫銷售馬克杯,並嘗試營造歸屬感的構想了。」

「我們開始舉辦小型的社區活動,那是名為『熱情討論』(Spirited Discussions)的系列演講。我們在當地預訂了可以提供食物和飲料的場地,並且邀請我們的新聞總監和主題專家探討當下的熱門話題。我們公開討論水權等問題,也與市長進行問答,更與當地記者針對報導新聞的感受進行小組討論。我們開始吸引一些常客,他們通常是我們的高階捐贈者(high-end donor)。」

「有趣的事情發生了。隨著愈來愈多人參加活動並互相認識,捐款金額也跟著水漲船高。他們發現這個社群還有其他志同道合的人,他們喜歡這種與人連結和彼此討論的氛圍。這使我們有機會定期見到我們的捐贈者,並與他們建立關係。他們逐漸

了解我們,知道我們的名字,讓我們不再像是伸手要錢的陌生人。參加這些活動中的某位捐款者,以前每年大約提供我們 100 美元,現在則是每月 100 美元,因為我們透過社群與他建立了情感聯繫。」

「建立這些非營利社群的強大之處在於,當有人足夠關心並參與某項活動時,他們就會自行認同對我們代表的事物感興趣的其他人。如果他們先前沒有捐款,當透過社群了解我們以後,很可能就會成為捐贈者。」

「這些活動刻意規畫得很小型。在大型活動中,有人會躲藏在人群中暗地行事。小型活動的影響力要大得多,參與者可以確實彼此聯繫,後續又可以在 Facebook 群組繼續維持情誼,我們也在那裡和評論者頻繁互動。目前已經有一些社群成員,可以主導我們的活動或發起討論。」

「如今,著眼於社群和營造歸屬感是我們募款策略的核心。我的使命是拿走兜售小飾品的拐杖。撕掉 OK 繃。不要再去賣什麼東西了。我們要讓非營

利組織擺脫交換物品的行銷文化，而且會逐漸看到改革效果。」

Section Two
社群的藝術和科學

CHAPTER 6

文化俱樂部

...

跟我一起做個小小的思考練習。

閉上眼睛,想像自己身處一個房間,裡面擠滿了你以前工作時的老闆。

你怎麼還在讀這句話?你應該閉上眼睛的。「我無法遵循你的指示。」喔,我了解。

我說真的。想想那些老闆,現在想像你去告訴他們:「我有一個天大的好主意。我想將一部分的行銷預算,拿去建立大致上由客戶經營的社群,也就是要放棄大部分的控制權,目標不是達到您的季度銷售目標,而且我們可能會被某些客戶批評。如果客戶提出好的構想,我

們還得付錢給他們,並且和他們分享智慧財產權。可能要等好幾個月、甚至好幾年,我們才可能獲得實質利潤,但這就是行銷的未來,請您相信我。」

這不是白日夢,簡直是惡夢!我過去替那麼多老闆工作,沒有多少人會買單。我可以想像,至少會有一個傢伙聽完後對我大聲咆哮!

公司文化就是行銷。如果你未經律師或越線的銷售經理批准,就無法採取任何行動,這種限制文化就會出現在你的品牌和社群之中。

讓我們暫停一下,先聊聊品牌社群。顧能諮詢公司(Gartner)分析師指出,70％的品牌社群都失敗了。[五三]原因是什麼?文化。

社群之所以失敗,是因為公司內部想要銷售,但外部的客戶社群卻不想要有人向他們推銷,雙方的期待有著落差。

我想起英國搖滾樂團平克・佛洛伊德(Pink Floyd)一首著名歌曲的歌詞:「我們不需要教育。我們不需要思想控制。」(We don't need no education. We don't need no thought control.)

如果你打算推行教育客戶並透過銷售管道控制客戶的文化，就會到處碰壁。（看到我如何吃鱉了嗎？）

　　如果你的組織已經準備好被社群的能量點燃，如果你已經準備好打造真正以客戶為本的文化，你的起步會很順暢。如果你還沒有準備好，本章末尾將提供你一些想法！

　　只要客戶對你的品牌有歸屬感，就會在你陷入困難時支持你，花更多錢買你的產品或服務。並且四處傳遞你的故事，效果比你買的任何廣告都更好，也能傳播得更遠。社群可以讓你擁有世界上最強的行銷優勢。

　　但它必須從賦權文化（empowering culture）開始。讓我們深入探討社群繁榮所需的五種文化考量。[五四]

品牌社群不僅是行銷策略，更是商業策略

　　公司行銷時太常將社群營造獨立出去，這樣做是不對的。為了使品牌社群產生最大利益，必須將其視為支

撐企業整體目標的高級策略。

　　法國的跨國個人護理和美容產品零售商——絲芙蘭（Sephora），也是全球最大的品牌社群 Beauty Insider 的幕後推手。這個龐大的網站擁有將近 600 萬會員。我拜訪網站時，有超過 10 萬名活躍會員同時在線上聊天。

　　這個社群是絲芙蘭策略的核心。它讓人以公正的態度針對美容話題閒聊對話，也不會提供贊助，刻意主導話題去引領風向，所以能夠團結客戶。會員們透過這種大規模交流，分享自己必備的產品，同時會展示髮型和化妝品，並即時交流美容技巧。

　　絲芙蘭在 35 個國家開設超過 2,700 家商店，卻幾乎仍然以社群為基礎。要將這個龐大且複雜的國際社群融入其全通路策略，必須與營運、技術、供應鏈和執行領導策略無縫整合。

　　第十章討論衡量時，會更深入探討絲芙蘭。

品牌社群是服務客戶，
不是滿足企業需求

多數品牌社群的致命缺陷是企業不斷想進行「銷售」。畢竟，如果無法在銷售儀表板上顯示進展程度，如何證明投資社群的報酬率是合理的呢？

回想一下你的目標是什麼：當某人屬於一個品牌社群時，就會產生互惠互利的連結。在社群中體驗和表達對品牌熱愛，不僅可讓人獲得自我價值，也能積極宣傳品牌。[55]

唯有公司打破傳統的銷售儀表板觀念，從建立品牌的視角看待社群，並且總是根據成員需求調整社群，才能實現這種神奇的事情。

職場女性服裝品牌 M.M.LaFleur 就是個很好的例子。在該公司的 Slack 頻道上，客戶會討論她們在家中和職場的忙碌生活。沒錯，社群成員會發布關於時尚的貼文，並討論該品牌推出的最新產品，但她們也會分享個人成就或挫折的故事，還會上傳許多寵物照片！

GoalBusters Consulting 公司的愛麗絲告訴我：「我

曾遇到一個問題,需要其他女人透過直覺給我答案。我便在 M.M.LaFleur 的社群裡提出問題。這個服裝品牌社群,竟然是我所屬的最大職業女性群體,這似乎很奇怪。但我需要自己信任的女性給我答案,而這個社群就是我獲取答案的來源。我收到了有用的誠實回饋,她們也為我打氣加油。我加入這個社群後,成為這個服裝品牌的超級粉絲。」

是的,愛麗絲會買東西,但這不是她加入該社群的原因。

社群從內部培養領導者

如同「老闆媽媽」的達娜在第四章所說,發展社群並不是微觀管理,而是要大方培養領導者。

在任何社群中,一小群充滿熱情的人╱狂熱分子將可推動團隊並壯大群體。要著眼於早期的領導者並培養他們。

如果你剛離開傳統的企業界或者仍身處其中,可能

很難相信別人能夠掌控一切。我們很保守,有一種偏執心態,認為別人不能「符合品牌形象」(on-brand)。我們擔心人們「沒有抱持相同的標準」或「曲解公司」。

你要改變思維,從控制訊息轉為僕人式領導(servant leadership,服務型領袖)。無論社群大小,這都是必要的。因為培養對公司有興趣的人,使其成為領導者,這不僅是一種領導社群的方式,而是長期讓社群跟上時代和永續發展的唯一途徑。如果你的社群只依賴一位領袖,在這個充滿不確定和不斷變化的世界,它有可能會崩潰。

傑出的社群領袖會扮演催化劑,讓社群更能實現目標。這類扮演催化劑的人很罕見。你要隨時留意和尋找他們、替他們提供所需的架構和支持,然後放手讓他們飛翔。

正視他們的眼睛

當我寫到情感連續體時,發現多數的網路連結都是脆弱的關係連結。Twitter[36] 追蹤者或 TikTok 粉絲可能

會喜歡你的內容或「給你一個愛心」,但他們可能不是會產生行動的受眾。他們很重要,因為代表了潛在的機會、偶然會和你聯繫,以及提出新的想法,但社群的魔力在於建立有意義的情感紐帶。要做到這一點,最有效的方法就是在現實生活中將人們聚集在一起。

我之所以開創自己的社群,是曾主持一次行銷靜修（marketing retreat）活動,名為「起義」。（The Uprising,每次行銷叛亂都始於起義,對吧？）我把這些領導人聚集在一起時,並沒有打算建立社群。我當時想要解決一個問題。多數行銷活動都聚焦在迭代（iteration）,也就是如何在 Facebook 廣告、內容行銷、YouTube 觀看次數等方面做得更好。與此同時,兩年後我們將不再承認有所謂的行銷專業,而且沒有人會談論這一點！因此,我匯聚了一小群聰明的朋友討論後續趨勢。

我們這麼做了。

可是又發生其他事。

---

[36] 編按：現更名為 X。

一些不可思議的事情。

我有位朋友露絲‧哈特（Ruth Hartt），她在克里斯汀生研究所（Clayton Christensen Institute）任職。露絲說道：「我參加『起義』後學到很多。我沒想過自己離開時會交到29個新朋友。」

總部位於邁阿密的寶石集團（Gems Group）執行長卡洛斯‧奧拉馬斯（Carlos Oramas）告訴我：「當我向人們講述『起義』活動時，我很難說清楚。它不是聚會或會議，而是一種紐帶。」

卡洛斯和露絲說得沒錯，我不希望這些紐帶以後斷掉。我煽動火焰，讓這些友誼能燒起來，我就是這樣創造了自己的社群，各位將在最後一章了解這一點。

這種紐帶永遠不可能透過線上活動建立。夜晚，人們面對面坐在火坑周圍聊天、在餐桌上和別人分享故事，以及暢談未來行銷，這些都為我的社群提供了最初的原動力。

即使你通常是透過網路進行多數商務活動，不妨考慮一下現場活動，看看它能如何激發你創造自己的第一個社群。

社群共享控制權

本書始終強調讓社群領導自己是非常重要的。然而，放棄控制權並不表示放棄責任。有效的品牌管理者會促成社群，以及創造條件讓人們成長。

控制要素可能因社群的組織方式而有所差別。你創立的社群類型可能取決於你的公司文化：五六

- **開放的：** 成員可以隨意加入和離開社群。成員之間的溝通是自發和即時的，內容不受公司限制或控制；公司加入社群，本質上是屬於交易性質，不會有過多參與。該公司會回答問題，偶爾也會進行調解，但參與的程度有限。範例：蘋果公司論壇（Apple Discussion Forum）。
- **識別的：** 若想參與社群，必須先註冊，但並不保證能被社群接納。此外，公司會控制和引導用戶的行為。公司也會在社群中發揮積極的作用，經常參與和規範對話與活動。範例：福特SYNC論壇（Ford SYNC Forum）。

- **受限的**：社群成員資格僅給予公司客戶或符合某些要求的人。新會員可能需要付費才能加入社群。公司會仔細控制社群，同時會推廣和編輯成員的交流內容，並且經常參與對話。範例：任天堂俱樂部（Club Nintendo）。

還有第四種類型。在許多地方，狂熱的粉絲會根據一個沒有公司影響力的品牌創造自己的社群。例如，DeviantArt[37]網站便有數十個漫威、迪士尼和DC漫畫等系列粉絲聚集的地方。成員們的想法也是天馬行空，非常瘋狂！這些品牌對社群發生的事情毫無掌控力。儘管它不是由品牌贊助成立，但嚴格來說，仍然屬於品牌社群。

---

[37] 編按：知名線上數位藝術交流社群。

你準備好了嗎？

現在來做個總結。你是否有適合成立社群的公司文化？但願如此！

如果沒有，該怎麼辦呢？

這裡要透露一個關於公司文化的事實：無論你多有信心，根本不存在改變文化的草根運動。想要改變文化，必須得到企業最高層人士的支持，讓他們願意提供所有的部門預算與擬定策略。

告訴你一個好消息：多數領導者迫切希望跟上時代。他們知道自己需要推動組織向前邁進，並追求創新的方法，如此一來，才能在這個嚴苛的商業世界中蓬勃發展。

本書提出的社群案例並非我個人的觀點，而是從大量可靠的專家研究所得出的見解，不僅讓人信服，同時真實無欺。根據我的預測，多數領導者都能了解本書提供的機會，並且熱切地掌握它們。

遇到反對意見時，不妨展開前導計畫（pilot program）。剛開始成立社群時，並不一定成本高昂或耗工費時。可以要求六個月或一年的時間，嘗試本書提出的構想，從

中成長學習並評估能否符合組織的需求。從社群中尋找引人入勝的故事作為「快速獲取成果」的案例，並且定期溝通，甚至讓公司成員對你新計畫揭露的客戶熱情感到激動。

下一章將踏出建立社群的第一步。它並非如你想像的，是從人們或平臺開始。它是始於目標。

案·例·分·析
以基於社群的方法處理房地產

摘要：房地產愛好者社群
讓公司達到四千萬美元的銷售額。

巴勃羅·岡薩雷斯（Pablo Gonzalez）原是綠建築專家，曾經陷入職業生涯的困境，但一場悲劇（那是他一生中最低潮的時刻）卻讓他看到社群能夠改變生命的潛力。

巴勃羅告訴我：「幾年前，我哥哥過世了。我那時覺得天崩地裂。然而，當 1,200 人參加他的葬禮時，我感到非常震驚。天主教堂是他的社群，信徒是如此厚愛我哥。我曾經叛逆，逃避了信仰。我從小就是個超級天主教徒，對宗教又愛又恨。但這個社群讓我可以熬過喪親之慟。我無法想像自己還能追求更大的生命價值，並且意識到我永遠無法離開

教會了。這就是為何我想探索社群，時至今日，我仍然如此著迷於探討作為商業模式的社群。」

在《累積優勢》（*Cumulative Advantage*，暫譯）一書中，我解釋了隨機事件如何成為重新振作的動力來源。巴勃羅即將經歷對其未來和社群的第二次隨機觸發。

他公司的執行長受邀前往邁阿密一家著名的經濟發展機構演講。執行長在最後一刻決定派巴勃羅代他出馬演講。

巴勃羅和思科（Cisco）、世界銀行（World Bank）的領導人一起參加某個計畫，無意中登上了全國舞臺。該計畫結束後，不少人想更加了解他對「價值聚合業務發展」（value-aggregated business development）的看法。而巴勃羅基於他與邁阿密非營利組織順利完成的社區實驗，提出這些看法。這為佛羅里達州傑克遜維爾（Jacksonville）的一家軟體新創公司，提供了證明該模型的機會。巴勃羅正在嘗試一種新的行銷觀點，但這種觀點並不依賴他所在行業常見的

強力銷售技巧。

然而，巴勃羅早該追求更遠大的夢想了。是時候帶著他的社群想法獨自創業。

基於社群的企業

巴勃羅告訴我：「我想證明未來的企業發展就是創建社群。我試著向別人推銷這個想法，但我發現對人們來說，社群並不是『週一早上的問題』。也就是說，沒有企業主會在週一早晨上班時詢問『我的社群在哪裡？』這不是個優先事項。」

「大約在這個時候，我在傑克遜維爾遇到了JWB房地產資本（JWB Real Estate Capital）的聯合創辦人兼執行長——格雷格·科恩（Gregg Cohen）。他的公司是一家總承包的房地產投資公司。當時格雷格無法擬定有效的內容策略，讓行銷做得更好，所以他認為，如果有更多人知道這家公司，他們將更成功。他當時的業務大都來自某個推薦來源，但是要價不菲，因此必須有所改變。」

「我向格雷格提出每週舉辦一次節目的想法，節目可去採訪他最感興趣的客戶。我們將透過節目教育人們，使其將房地產當作投資策略實現財務獨立。然而不同的是，我們會在每週的 Zoom 會議上現場直播。如此一來，我們不僅是向觀眾播放節目，還能與他們建立關係。我們不會以常見的方式創建內容，而是非常刻意地建立一個社群，讓人感覺他們在我們的舞臺上占有一席之地。我們是在和他們交談，不是對他們說話。」

巴勃羅透過公司現有的人脈，開始了他的 Zoom 實驗。他說道：「我們公司是在做好事，所以很容易吸引人參加。第一波就有 100 人加入我們的 Facebook 群組，大約有 15 人參與第一場節目。」

「在這個初期階段，讓社群成員和贊助商（在本例中是我的客戶）快速獲利非常重要。你想要鼓動一股風潮，也要讓人感到自豪，這樣一來，人們就能看到節目的效果。所以，我們每週都會為略有成果的人慶祝。」

「到了第一年年底,我們 Facebook 群組已有近 3,000 人,每場節目都有約 35 名常客出席。在年終的粉絲答謝會上,許多人都說,我們對他們的生活非常重要,還有這個社群對他們來說意義重大。我們逐漸讓人和房地產公司建立情感聯繫!」

「我們已經創造 4,000 萬美元的新投資收入,主要是透過社群中 25 到 30 名最活躍的人們達成目標,這些人是我們的超級粉絲。公司現在有大約 65％的新客戶是透過我們的社群獲得,成本約為 500 美元,而之前他們為了獲得潛在客戶所支付的費用超過 6,000 美元。」

「我們覺得是時候聚集這些了不起的人了,便在傑克遜維爾舉辦一場小型聚會,人們從各州飛來與會。這些人告訴我們,他們想在全國各地為我們舉辦自己的派對。我們說,好極了,就這麼辦吧!於是在加州、西雅圖、丹佛和匹茲堡舉行了由社群成員主辦的活動。由我們支付餐飲費用,所以基本上是我們舉辦了社群聚會,並將新朋友變成客戶。」

「上次在傑克遜維爾舉辦的活動中，有 50 人是自費飛來，和 20 名當地人一起到市中心觀光，享受歡樂時光。這些人都是透過我們的 Zoom 會議而成為朋友。看到我們社群的朋友能在現實生活中相聚，真是讓人高興。」

　　巴勃羅說道：「成功的關鍵因素是公司文化。JWB 不僅支持我的社群計畫，還積極參與其中的每個步驟。我們都毫不猶豫地認為，進行社群實驗是值得的。」

　　巴勃羅現在替愈來愈多的公司提供行銷諮詢服務，而他一直將社群視為自己的核心業務。他說道：「與其整天透過內容和廣告談論你的公司有多棒，倒不如去關注社群中的優秀人士，這樣還能獲得更多成果！」

CHAPTER 7

一切始於目標

...

想像一下你喜歡的社群,好比教會、Facebook群組、校友會或某個專業組織。

你為什麼會參加那個社群?你是去買東西嗎?還是要吸收某人打響的品牌內容?當然不是。你是想和志同道合的人聚會。你參加社群是為了追求一個目標,而不是購買一項產品。

達娜會向她的「老闆媽媽」社群銷售課程、諮詢和輔導,但那些只是副產品。「老闆媽媽」擁有深具意義的重要目標:支持大膽的媽媽企業家,讓她們既可以追求事業,又有時間陪伴孩子。

以下說法看似矛盾卻讓人著迷：未來的行銷不會有明顯的行銷，至少不是傳統方式的行銷。

其實，如果你在社群中強行推展任何硬性銷售策略或行銷手法，人們會逃跑，你就會一敗塗地。

從行銷層面優化社群，需要拋棄許多傳統觀念，也要克制施加命令和控制人們的衝動。創造我的社群，就是要重新思考我在研究所的目標導向行銷課程中，所學到的觀念。隨著時間推移，必須明白別再將自己的品牌強加給外界，而是要借助他人，日復一日共同創造品牌。只要每個人都想留在社群目標的安全「河岸」（riverbank）內，我就必須壓抑自己的想法，不要老想著引導社群朝我理想的品牌方向發展。

說句實話，你無法控制自己的品牌。在過去，品牌就是公司告訴你的東西。時至今日，所有的銷售都來自在網路或現實生活中談論你的人們、推薦和評論，以及值得信賴的朋友和影響者的見證說法。如今，品牌是我們互相告訴彼此的東西。既然如此，為什麼不提供安全的空間讓這種神奇的對話發生呢？

世上有許多著名的品牌社群，本書不會介紹它們。

說句實話,他們的故事已經被人講爛了。然而,我們對某些公司很熟悉,因此透過社群目標來分辨這些著名的公司很有用,可以幫助我闡明本章的重要主題:

- **哈雷機車公司**(Harley-Davidson)在美國銷售的重機比其他公司都更多,但他們宣稱的目標是「騎重機去實現夢想」(fulfill dreams through the experiences of motorcycling)。這是一種禮貌的說法,他們其實想說:「你想變成壞蛋嗎?沒問題,我們幫你使壞。」這家公司從上到下都在幫助客戶變得更酷。因此,哈雷機車擁有世界上最忠誠的社群,也就是「哈雷車主集團」(Harley Owners Group,簡稱 HOG)!
- **Patagonia**[38] 一詞讓人聯想到可靠的戶外探險。這家公司有「巴塔哥尼亞行動有效」(Patagonia Action Works)社群,其宗旨非常大膽:「我們致

---

[38] 編按:知名戶外運動服飾品牌。

力於拯救我們的地球家園。」（We're in business to save our home planet.）四十九年前，伊馮‧喬伊納德（Yvon Chouinard）創立這間公司，在2022年時放棄了公司的所有權。Patagonia現在會將賺取的利潤專門用於因應氣候變遷。

- **可口可樂**用棕色糖水創建了飲料帝國。但他們的顧客非常忠誠，有許多社群會努力收集這間公司的商品。對許多人來說，可口可樂不僅是一種會起泡的軟性飲料。它的宗旨是「激發樂觀和開懷的時刻」（inspire moments of optimism and happiness）。誰不想和一家與聖誕老人、頑皮的北極熊寶寶和快樂的海灘野餐有所連結的公司產生聯繫呢？

你該做什麼？

這些知名公司都有一個大膽而敏銳的目標，會集中所有資源達成一項消費者目標。不是公司目標，而是消

費者目標。

有效的社群目標不同於季度銷售目標。如果你目前的目標是：

- 提供獨特美麗的蠟燭
- 提供保險業界最棒的客戶服務
- 提供售價最低的汽車
- 在熟食店供應最齊全的新鮮肉品⋯⋯

那麼你可能無法順利創立社群，沒有人會因為這些理由聚在一起。你打廣告時，這些可能是很棒的說詞，但沒有多少人會去看你的廣告。因此，我們遇到問題了，你說是不是？

這是本書最重要的想法之一：如今的消費者只要感覺你想透過行銷操縱他們，他們就會阻止你、禁止你，甚至逃離你。你要做的是去幫助、幫助、幫助，而不是去賣、賣、賣。

如果哈雷機車的做法跟典型的汽車經銷商一樣，你想會有多大的差別嗎？其實，他們的核心業務是相同的，

就是銷售一種交通工具。但哈雷不會採用讓人作嘔的銷售策略、發垃圾郵件、打著假期銷售的口號，以及不斷發廣告強調他們比其他經銷商賣得更便宜划算。

他們不必這樣做。哈雷之所以成功，是因為透過團體騎行和聚會去建立深厚的社群情感紐帶，從中幫助顧客實現夢想。在南達科他州斯特吉斯（Sturgis）舉行的年度拉力賽（rally），有高達 70 萬名騎士參加。這場聚會為期一週，其規模比該州最大的城市大三倍！

多數行銷人員習慣瞄準以人口統計數據為基礎的消費者群體。但是社群應該關注擁有相似興趣和價值觀的人們，他們就是具有「共享相關性」（shared relevance）的社群。

例如，保障居家安全的公司通常會瞄準關注安全或居住在高犯罪率地區的人。他們調查客戶後，發現有許多人想要安裝安全攝影機，只是為了在工作時能夠整天監視他們的寵物（貓咪攝影機？）。這種公司可能會在寵物主人的社群中找到一個家（或者創立自己的社群），因為那裡有共享相關性。

對於新一代消費者來說，關注相關性尤其重要。年

輕人希望與那些致力於實現顯著變革的品牌建立聯繫。

根據國際公關公司愛德曼（Edelman）的研究[五七]，14～17歲年齡層中近三分之二、18～26歲年齡層中有62％的人表示，他們希望與解決種族主義、氣候變遷和性別不平等之類問題的品牌合作。高達84％的青少年表示，他們購買商品時是基於信念。他們會選擇品牌去透露自己的積極想法。有人偏好「讓世界變得更美好」的品牌，有人則是喜歡聲稱能讓他們變得更好的品牌，而這兩派的人數比例接近二比一。

定義基本目標

確定這個統一的目標，對於你的社群非常重要。你要如何提出一個有意義且鼓舞人心的理由，讓人願意聚集在你的社群？

對許多組織來說，這個理由顯而易見。你的客戶和利害關係人已經喜歡你，因為他們想要：

- 學習一些東西
- 改變些什麼
- 感覺一些東西
- 獲得成長並更快樂、更健康或更富有
- 和朋友分享經驗
- 跟你有歸屬感，因為他們相信你

確立目標很重要，但不要想得太多。你身旁的人（無論是線上或實際生活）在聊天時，可能已經醞釀社群的目標。有許多自發性社群，其成員都在探討喜愛的產品和公司。你要去煽動火焰。也許你的社群在沒有你的情況下就已經開始！

然而，如果你無法跳脫「我們銷售新鮮熟食肉品」的銷售導向目標，讓我來幫你。以下一些提示可能會激發人們聚集在你的社群的理由。當你思考這些問題的相關性時，不妨寫下自己的想法，這可能有所幫助：

- 我們的北極星是什麼？我們為何存在？
- 我們能否清楚說明為什麼世界會因為我們的組

織而變得更美好？我們能做出什麼貢獻？我們如何提供協助？
- 我們的創始價值觀與當今世界有何特別關聯？它們與誰有關？
- 我們希望未來媒體的頭條新聞如何報導我們？
- 我們的客戶有哪些共同的特質、信念、價值觀和熱情？
- 我們的員工也有跟這些一樣的特質嗎？這對公司的特質有何影響？還有人們為何喜愛我們？我們的員工也是我們社群的一分子嗎？他們會領導社群嗎？
- 我們公司的使命宣言與我們的目標相同嗎？為什麼相同或為何不同？那裡有能夠萌生想法的種子嗎？
- 世界如何變化，使我們連結我們的社群？
- 為什麼我們的客戶會購買我們的產品？是因為有共同的信仰或價值體系嗎？我們的客戶對世界有共同的願景嗎？
- 如果客戶幫助我們打造我們的未來，那會是什

麼樣子？
- 社群如何以我們目前沒有提供的方式服務和激勵我們的客戶？
- 在我們關心的人之中，是否有人感到孤立但可以從社群中受益？
- 有什麼問題是我們只能透過社群共同解決？
- 社群如何幫助我們實踐我們所宣揚的理念？
- 我們正在實現誰的夢想？

也許這是你第一次從行銷的背景思考這些問題。問題可能看起來很陌生，甚至有點可怕，因為它們不是關於要賣出更多的東西。這些提示也許令人興奮且充滿活力！無論如何，勇敢的商業領袖需要面對老闆說出：「我想建立一個不一定致力於達成季度銷售目標，或宣傳新鮮熟食肉類的社群。」

然而，正是如此，創造成功的社群才會如此充滿希望。因為幾乎沒人從策略行銷背景下思考過社群。

符合或不符合品牌形象？

我們之所以認為社群可能偏離理想的傳統行銷，其中一個理由是「符合品牌形象」的想法。

我在行銷生涯的初期曾替某家財星 100 強公司服務，當時我所在的部門有一本厚厚的品牌手冊，就裝在三環活頁夾裡。那份厚重的文件詳細說明與公司品牌相關的每種字體、顏色、文字和特徵。多數的大型品牌仍然以某種形式保存印刷體例樣本，因為他們希望在客戶心中建立一致的基調和典範。

然而，品牌社群不一定要完全符合品牌形象。（這可能是我寫過最奇怪的句子！）

社群的人已經了解你的品牌和產品。說句實話，只要他們出現在那裡，就表示他們可能喜歡你。你不需要透過適當的風格、標誌及條文式的描述，來讓他們相信你的價值。

引領品牌就表示要引導你的產品踏上永無止境的旅程，去追尋文化相關性。

透過社群行銷可以帶來許多機會，其一是人們會

將你的品牌帶往新的方向,將你與他們生活中和身旁的各種相關問題聯繫起來。你的社群成員將「突破界限」（color outside the lines）[39],挖掘出新的欲望和尚未被滿足的需求。

「符合品牌形象」的概念不斷演變。充滿活力且積極參與的社群,可以幫助你實現這項目標。

激發目標

我經常在大學課堂上開玩笑說,可用一句話表達社群媒體的商業案例:「來和我一起浪費時間。」

我說完後總是會讓學生發笑,但這裡有一個嚴肅的訊息,你和你的社群都需要知道。沒有人會被迫在某些 Facebook 群組或 Slack 頻道和你的公司共度時光。你若想讓他們跟你在一起辦正事,就必須提供某些有用、有

---

[39] 譯按:以創造性或非常規的方式行事,亦即打破規則。

趣、鼓舞人心、不容錯過、激勵人心或大膽的東西,讓他們不想再去玩《糖果傳奇》(Candy Crush)[40],或者滑看 TikTok 上的舞蹈影片。

要做到這一點,最好能幫助社群成員了解自己有所歸屬,以及讓他們和你追尋某個相關的目標。

社群形成通常圍繞著成員共享的活動。一項活動通常不可能由你單獨完成,所以你絕對需要一個社群,有時候社群會讓某項活動變得更有趣和充滿歡樂。例如,美國影片串流媒體服務平臺推趣(Twitch),讓本來單獨的電動遊戲玩家,在玩遊戲時能彼此互動。Instant Pot 的粉絲喜歡一起測試食譜。第三章末尾說過,露露檸檬能夠成功,關鍵在於透過共同的健身活動去建立無可取代的紐帶。奢侈時尚品牌 Ganni 建立了由 #GanniGirls 組成的社群,這些女性具有影響力且忠誠度夠高,擁有雷同的價值觀,例如女性賦權(empowerment)和性別平等。五八

---

[40] 譯按:英國網路遊戲公司 King Digital 開發的寶石方塊遊戲。

你可以透過任務、體驗和活動來激發社群目標。你的成員渴望什麼，可以讓他們一起有更好的表現或更棒的體驗？共享活動能夠如何協助定義和提升社群目標？

有意識地激發你的目標。聚集和合作的機會應該是：

1. **有目標的：** 舉辦活動時，想想你的社群最初聚集的原因是什麼。哪些目標或結果，是唯有這群特定的人聚集在一起時才可能實現？
2. **讓人參與：** 不要只對別人說話。你聚集他們是因為他們充滿熱情，就像你一樣！讓他們能為你的共同目標做出貢獻。
3. **可重複的：** 需要花時間才能蓬勃發展的關係，有些人需要幾個週期熱身，才能開始積極做出貢獻。只要舉辦一次成功的活動，下次就能吸引更多人參與。

如果你第一次辦的活動失敗了，請重新思考，想想自己是否了解為什麼你的社群有動力聚會。你的活動設計是否更有趣、更好玩，還是更能讓大家一起去體驗？

如果希望成員繼續參與,你的核心活動就必須超出他們的預期。

善用社群,體驗行銷

打造品牌關乎情感,成功的社群是以此為基礎進行發展。參加品牌相關活動,不僅是讓人對社群產生興趣的方式之一;同時是一種能夠產生強烈情感的策略,進而讓參與者對你的公司和產品更為忠誠。五九

體驗行銷(experiential marketing)是行銷領域發展最快的學科之一。如今人人都在迴避多數的行銷手段和廣告,但只要能獲得身臨其境的有趣感官體驗,他們便會蜂擁而至。

我最喜歡的體驗行銷,是由 Giant Spoon 代理商在 SXSW 年度會議[41]上推出的促銷活動。他們在德州奧斯丁

---

[41] 編按:大型互動科技與藝術盛會。

外頭重建了 HBO 電視劇《西方極樂園》（*Westworld*）的場景，讓粉絲們可以與該劇的人物和地點互動。他們戴上牛仔帽，走在熟悉的劇情街道上，體驗該劇獨特且新穎的情感聯繫。Giant Spoon 在其他年分也曾為《銀翼殺手》（*Blade Runner*）和《冰與火之歌：權力遊戲》（*Game of Thrones*）打造場景，讓粉絲擁有身臨其境的體驗。

我不是說你要投入巨資讓人沉浸在《銀翼殺手》或維斯特洛（Westeros）[42]的世界。但我確實認為，你必須將社群視為可以善用體驗行銷的場所，以小型卻重要的方式使其活躍起來。

在我的社群中，許多人在我的幫助下透過會員規畫的聯合活動，第一次享受了元宇宙體驗。我永遠不會忘記我們的第一次活動，當時有許多素未謀面的人在虛擬

---

[42] 譯按：又稱日落國度（the Sunset Kingdoms），是喬治・馬丁（George R. R. Martin）奇幻系列《冰與火之歌》中的一塊大陸，其設定大致基於中世紀歐洲。

的阿爾卑斯山雪地裡嬉戲。其中一個亮點是我嘗試乘坐虛擬滑雪纜車，纜車卻迅速移動，穿過我虛擬化身的頭部！大家永遠不會忘記這些歡樂的共享沉浸式體驗，它有助於形成社群文化，以及讓人對我的品牌產生情感。

如果你只是將社群視為處理客戶抱怨或分享產品資訊的地方，就可能錯過最棒的行銷機會：透過跟目標契合的創造合作和共享體驗，與客戶建立牢固的情感紐帶。

邁入下一步

你現在已經知道找到關鍵的社群目標非常重要，但千萬別在尋找正確目標時便先癱瘓了。

與其追求百分之百完美，能夠起步更為重要。當你啟動社群時，將會發生下面的情況：聚集在一起的人們將會改變社群……讓它變得更好。他們會添加你從未想到的相關構想和細微差異，這會很棒的！

在英國擁有興盛商業社群的馬克・馬斯特斯（Mark Masters）說道：「我認為創建社群的關鍵之一是開放。

即便你沒有答案,別人也會準備和你一起前進,這就是大家能夠共同發現和打造社群的機會。測試並將想法付諸實踐,是企業界獲得反饋的常見方式,但是和那些熟悉你的人創建社群時,就是在創建一種共享的體驗。」

因此,就算你現在感覺自己有點不穩,也要相信社群的成員並盡力而為。你需要學習和成長,不斷地學習和成長。

讓我們持續前進。各位將在第八章了解如何讓顧客登上這列前行的火車。

案·例·分·析
從混亂中誕生的社群

摘要：一位全職媽媽讓面臨共同問題的人團結在一起，建立蓬勃發展的社群企業。

克莉斯塔·洛克伍德（Krista Lockwood）創立了一間企業，教導人們如何整理家務。也許這看起來是個不太可能行得通的商業模式，一旦知道她的線上社群有 5 萬人時，你可能會覺得事情更有趣了！

這一切都始於一場 4,500 英里的旅程。

當克莉斯塔和她的家人要從阿拉斯加搬到佛羅里達州時，她被迫處理多年積累的物品。那時她帶著四個年幼的孩子，看到家裡愈來愈亂，對丈夫、甚至孩子產生了怨恨，因為她認為家人沒有幫她處理家務。克莉斯塔告訴我，說她「住在房子裡，快被淹死了」。

當她長途搬家結束，清除一堆雜亂的物品後，她仍然感到怨恨不已。克莉斯塔意識到，她的婚姻中潛藏不少溝通問題，這些雜物只是用來埋藏這些問題的藉口。

克莉斯塔說道：「我先前發現我和老公的意見不一致，所以故意讓家裡混亂不堪，藉此分散自己的注意力，不去解決共同擬訂的目標，以及學習如何彼此溝通之類的問題。這不僅讓我和丈夫關係不睦，也影響我身為母親的自我價值。」

「對我來說，搬家以後，表面上似乎一切都很順利。我們有一間漂亮的房子，住在一個很棒的社區，還有美好的家庭，但我的腦海中充滿了雜音，那些雜音來自我未化解的童年情緒問題，以及必須面對的各種經歷。突然之間，我不再有一堆盤子可以分散我的注意力，也沒有三大堆的衣服要洗。我開始接受心理治療，了解到將自己從雜亂中解放出來後，可以為我開闢成長的道路。我發現，只要不常被家裡毫無意義的東西壓垮，就能挪出更多的時

間和節省更多的精力。」

企業理念於焉誕生

與此同時,克莉斯塔懷上第五個孩子。為了在搬家後結交新朋友,她為其他準媽媽創建了一個「預產期」Facebook 群組。

那些準媽媽立即成為好朋友。大夥很快就有了想法,打算分享她們生活空間的「參觀房屋」影片,還說她們會展示原來的樣子……不會刻意打掃!

「輪到我展示自己的房子了,群組中的人都在說:『等一下,克莉斯塔。妳有四個孩子。為什麼地上沒有亂丟的玩具?為什麼沙發上沒有堆滿衣服?』她們不敢相信我平常就是過這樣的生活。她們想看我家的每個房間!」

「我沒有發現這件事,但是當我們搬到佛羅里達並重新開始生活時,我再也沒有讓家裡亂七八糟。我讓自己不再被家務壓垮,這樣才能更加享受生活。我開發了有用的系統來整理家務。」

「這些媽媽都要處理太多雜物，認為自己出了問題。她們感到被人孤立、有所不足和孤獨寂寞。她們得了產後憂鬱症、感到焦慮不安，以及看著孩子成長得太快，這些孤獨不足的感覺就被放大了。」

「這讓我想起自己也曾如此⋯⋯但現在我已經不再有那種感覺了。我的房子井然有序，而且我知道該怎麼做！一盞燈突然亮起來了。我先前一直想創業，而我知道如何教這些媽媽過簡單的生活。」

「這成了我的目標。幾乎每個新手媽媽都被成堆的衣服、餐具和玩具，弄得不知所措。這樣會讓她們感到被孤立，因為要嘛不好意思請別人過來家裡坐坐，要嘛無法把房子收拾乾淨，根本不能出門。我想教她們如何把家裡整理得乾乾淨淨，因為家裡亂不僅代表混亂，還會阻礙她們通往自由的道路。」

基於社群的企業

克莉斯塔的新 Facebook 群組「當母親簡單容易」（Motherhood Simplified）的前 15 位成員，來

自她的「預產期」群組。

她說道：「我想透過社群和有用資源來幫助那些媽媽解決常見問題。我幫她們整理家務，但又不是要她們當極簡主義者……如此找到平衡點，既能滿足家人的需要，又不會讓別人不知所措。我希望能夠創業，卻不想因此無法照顧孩子。」

「我不太確定該如何做，但我才剛開始。我非常依賴社群裡的人來指導我，讓我知道該如何滿足她們的需求。她們問我問題，我就給她們答案，這樣我就有了第一批的內容。」

為了鼓勵社群成員參與並不斷發展，克莉斯塔免費贈送初期課程，並且向群組成員發起挑戰。例如，叫她們花幾天的時間整理一處空間，然後上傳打掃乾淨的照片。隨著社群不斷增長，成員愈來愈了解彼此，上述做法就能讓成員有一種成就感和自豪感，也會感覺大家成了好朋友。

她說道：「隨著社群逐漸發展，我發現有個賺錢的機會。我需要增加我的郵寄名單，以便可以直

接和每個人溝通。我開始透過電子報舉辦每週活動。如果她們想要免費獲得打掃家務的挑戰，就必須訂閱我的電子報。當我解決了電子郵件系統的問題後，就知道自己不必再免費贈送課程了。所以我測試了一下，一門課程收費 7 美元，她們開始購買課程！我辦到了！我其實是從我的社群賺錢。嗯，才 7 塊美金，但我可以買一杯咖啡犒賞自己！」

如今，克莉斯塔提供三個付費課程，頂級課程的費用為 300 美元。

成長的煩惱

透過共享活動和小組課程，成員對這個社群有了依戀。克莉斯塔的成員開始互相支持，並且擔起一些小事來支持社群的目標。

她沒有行銷預算（現在仍然沒有），但她不需要，因為她的口碑很好，透過社群的口耳相傳，很快就吸引更多的會員。克莉斯塔目前有一個部落格、Podcast 和 Pinterest 頁面，以此提供整理家務的點

子,同時吸引新成員並傳播她的想法。

「當我的社群成員達到 6,000 人時,某次經歷讓我意識到自己需要幫助。我有位朋友在 Facebook 上找到了我的群組,她表示它非常酷,還推薦我加入。她沒有發現這是我的群組!這嚇壞我了。群組變得太大了,我實在無法想像自己被視為領導者。」

「我不想喪失自己要傳遞的訊息或願景。我需要在群組中找到代理人,然後讓她們承擔責任。這很難做到。放棄控制權是讓我最不舒服的事情,但我需要以更成熟的心態來管理這麼大的團隊。我找了別人來幫我,結果成效非常好。」

克莉斯塔展望未來,打算聘請一名全職人員協助管理社群。她採納自己的想法,採取簡單的盈利策略:在最受歡迎的課程上加倍投入精力,根據簡化母親生活的核心目標,去添加新的計畫和贊助活動,還要提升成員能力。

CHAPTER 8

聚集你的社群

...

既然你已經知道為什麼要創建社群,那麼此時該考慮讓誰加入。建立社群通常需要時間和耐心。在享受商業利益的篝火以前,必須先點燃火種。

最先納入社群的人非常重要,這些早期入會者能替未來定下基調和方向。你可能不希望自己的社群停滯不前,新增成員以後,通常會增加社群產生的商業利益。聚集社群成員可以當作行銷策略,讓我們來看看一些基本想法。

信任的基礎角色

　　有時候，社群會在沒人刻意而為的情況下出現。例如，專門談論名人、運動員和藝術家的粉絲俱樂部十分常見。粉絲社群也會因為企業而興起，好比能多益（Nutella）巧克力榛果醬、強鹿（John Deere）拖拉機，甚至連鎖便利商店 Kwik Trip 的加油站也不例外。六〇

　　社群創辦人麥克・泰斯塔（Mike Testa）說道：「以前有人爭論哪個加油站最棒，所以我得為 Kwik Trip 說句好話。不料一件事導致另一件事，我在幾分鐘之內就收到幾十個人點讚，還有一些人給我評論：『建好社群，人就會來。』於是我成立了一個 Facebook 群組，人果然就來了。不到一個月，成員人數從零增加到 2 萬名。」

　　從這個社群可以看出，顧客對該品牌近乎狂熱。有兩名成員身上紋著 Kwik Trip 的字樣；另一位會員則表示，只要他的貼文獲得 5,000 個讚，就和未婚妻在 Kwik Trip 加油站結婚。結果這則貼文有 12,000 個人按讚，所以這對愛人便在 Kwik Trip 的便利商店舉辦婚禮。之前我上網查看時，發現威斯康辛州 Kwik Trip 愛好者俱樂

部擁有 105,000 名社群成員,而且他們還販賣商品!

如果你夠幸運,能為自己的企業迎來這種機會,我會覺得真走運。然而,更有可能的情況是,你必須根據行銷策略,有系統地持續刻意建構社群。

據此說來,發展社群始於信任。

某些企業和客戶建立了長期紐帶,才能建構最著名的品牌社群。我的腦海中浮現出迪士尼、美國癌症協會(American Cancer Society)、曼聯(Manchester United)[43]和星巴克。這些組織以消費者為中心,開發產品和服務,不斷刻意強化原本已經堅韌的社群紐帶。

成功的品牌不是標誌、廣告歌曲或網站。它始於信任,也就是讓你對人們變得重要的情感聯繫。

如果你沒有獲得別人的信任,我不知道你怎麼能聚集周圍的人。在新的行銷世界中,打造品牌比以往都更加重要。

---

[43] 譯按:曼徹斯特聯足球俱樂部(Manchester United Football Club),位於英國大曼徹斯特郡特拉福德的足球俱樂部。

即使是小型企業或個人也能擁有強大的品牌。你不需要賺取數百萬美元，或與某家倫敦廣告公司簽訂合約。你可能有尊敬的人，也許是因為他們聰明、善良，或者特別時尚。你賦予別人的個人屬性，便在你的腦海中形成他們的個人品牌。

我們很幸運，能夠生活在數位時代，所有人都可以放大自己的最佳特質，從中創造讓人信賴和受到尊重的個人品牌。在職業生涯中，我們唯一能夠隨身攜帶可持續的競爭優勢，可能就是強大的個人品牌。

它也可以是社群的中心。社群當然可以被某個人所吸引。他們就是喜歡你！[六一]

擁有讓人信賴的品牌，並不保證社群絕對會成功。當一個人加入你的社群時，他的第一個想法是：「我信任這個地方嗎？」我們加入某個社群，通常沒有足夠的資訊辨別它是否是消磨時間的理想場所。我們會縱身一躍，為了有歸屬感，我們會信任品牌和社群領導者，最終相信社群的其他成員。社群必須每天贏得成員的信任。

你的餐桌座位

你可能想創立一個向所有人開放的社群,但第一批成員會立即影響社群的進展。這就像錄製唱片一樣。即使你寫了一首歌,從旁配合你的音樂家有多少能力,可能影響最終的灌錄結果。早期的社群成員可能會成為你的第一批領導者。

若想更具體說明你想邀請誰加入社群,方法之一便是起步時將自己的企業目標牢記於心。

- 如果你的目標是創立一個自助社群,你應該敞開大門,歡迎任何遇到問題或能夠解決問題的人加入。
- 如果你的目標是創新和共同創造,也許你可以主辦或贊助競賽,吸引有才華的人。
- 如果你想提高品牌的知名度,請留意已經四處在社群媒體上說他們喜愛你的人。
- 也許你想為最好的客戶建立一個特殊的社群,此時不妨透過專門計畫和內容,獎勵這些對你

如此忠誠的客戶。

我的社群致力於探索未來的行銷方式。找到思想開放的領導人,讓他們互相激勵和彼此挑戰,這點非常重要。私人朋友也很有幫助,我知道他們會在那種環境茁壯成長,同時支持我建立宣揚善良和追求新事物的文化。

人們為什麼加入社群?

我研究世界上最棒的社群時,發現一個常見模式,就是早期成員幾乎都是先前就有聯繫的人。一群朋友,Facebook 群組的人,讀書俱樂部,忠實客戶,Podcast 訂閱戶。

誰將依照你的信仰體系或目標組織社群?你是從生活中某個環節去創立社群嗎?

創立社群,就是將本來對你做的事感興趣的人組織起來。至於人們為何熱愛社群,相關的科學文獻高達數千頁,但社群主要對個人有四項好處,分別是:[六二]

- **人際關係**：和別人建立和維持關係，可以獲得友誼，以及旁人的支持和認同。
- **社會進步**：為團體做出貢獻可以提升地位。第九章將探討人獲得地位以後，對身心健康有意想不到的好處。
- **娛樂價值**：社群很有趣！
- **資訊交換**：主要的好處是能夠獲得特殊的見解和資訊。還可以從社群找到解決問題的方案，以及發現新資源、商品和服務。

在 COVID-19 疫情大流行初期，我曾經與感到流離失所和孤單寂寞的朋友聯繫。我具有應用行為科學（applied behavioral science）的高級學位[44]，能夠充分利用所學所知幫助痛苦的友人。

一位孤獨的年輕人告訴我：「我加入一個軟體開發社群。當然，大家在網路上見面是為了互相幫助和解決

---

[44] 譯按：advanced degree，指研究生學位，可能是碩士或博士學位。

問題,但封城的時候,社群就成了和朋友交際往來的地方。如果那時沒有社群朋友的支持,我可能熬不過這場疫情。」

根據上面所說,技術社群(主要是共享資訊)滿足許多成員在全球災難期間的人際往來需求。因此,人們參與社群的原因可能是上述四種因素的結合,而這些因素可能會隨著時間推移而改變。

下方兩個案例研究看似不同,構想卻是雷同的。各位建立第一個社群時,不妨參考看看。

全球最大社群

簡彥豪(Justin Kan)[45]歷經四年曲折,才在眼前看到世上最大社群的第一批粉絲。這是很棒的經驗,可讓各位知道要關注你早期的追隨者。

---

[45] 編按:美國網路企業家。

2007 年，簡彥豪和三位合夥人創辦了 Justin.tv，這是一個全天候且全年無休的即時影音串流平臺，透過裝在他頭上的網路攝影機直播自己的生活。[六三]當時的他只有 23 歲。

觀眾跟隨他一起探索舊金山的生活。簡彥豪有時會預先規畫好活動（例如，玩高空鞦韆〔trapeze〕及上舞蹈課），但他更常隨意記錄生活實況（例如，被路邊招募人員邀請進入當地的山達基〔Scientology〕中心）。簡彥豪的「生活播送」（lifecasting）令人著迷，吸引了媒體關注，連美國國家廣播公司（NBC）的晨間節目《今日秀》（*TODAY*）都去採訪他。

這位年輕的企業家深知直播概念可引發強大的勢頭，於是建立平臺，讓任何人都能透過網路攝影機和手機去直播。

從簡彥豪的數據可以看出，他的早期客戶喜歡觀看彼此直播職業運動比賽，例如足球、籃球和美式足球，還有電玩遊戲，這點倒是頗令人出乎意料。人們接上 Xbox 後，就開始直播他們玩遊戲的過程，連簡彥豪都沒有想過可以這樣做。

電玩實況主為平臺注入了新的活力。簡彥豪最初並沒有想到這些玩家，但不可否認，這群不斷成長的遊戲玩家展現出無窮的潛力。到了 2011 年，有太多人在觀看彼此玩遊戲，簡彥豪便和他的聯合創辦人替遊戲玩家推出了一個新的專屬平臺，名為 Twitch。

如今，有 800 萬實況主在玩《要塞英雄》和《魔獸世界》（World of Warcraft）等遊戲時，會進行長達數小時的直播。這些實況主還建立了自己數以百萬計的 Twitch 子社群，從事商品銷售、付費訂閱和廣告贊助，進而賺取七位數的收入。

Twitch 的成員平均每天花費九十分鐘逛社群，讓它成為全球最大且「黏著性最強」（stickiest）的社群。為了加強聯繫遊戲玩家之間的牢固情感，Twitch 會在電競場所舉辦現場聚會，並且在全球各地舉辦公司年度遊戲大會──TwitchCon。

幾年前，亞馬遜斥資近 10 億美元收購這家公司，簡彥豪再也不用工作了。如果你看到我頭上戴著攝影機走來走去，還去上高空鞦韆的課，你就知道我為什麼幹這種事了。

由粉絲推動的社群

建立一個新社群就要關心粉絲的需求⋯⋯即使他們正帶著你朝新的方向邁進。時尚品牌 LoveShackFancy 就是一個很好的案例。

LoveShackFancy,簡稱 LSF,專注於「少女的」(girlie)粉紅色連身裙(通常如此),以及女性化但不煽情的配件。這個品牌販售的是一種氛圍和態度。創辦人麗貝卡・海塞爾・科恩(Rebecca Hessel Cohen)稱它為「終極女孩俱樂部」(the ultimate girls club)。六四

這個品牌最初透過目標百貨(Target)和其他大型零售店銷售商品,但該公司發現顧客表現得就像是粉絲時,便調整了整體的行銷策略。當新貨到達店面時,女士們就會排隊購買。她們很快地在網路上創立自己的粉絲俱樂部。

當這個品牌開設自己的零售店時,粉絲們會從全美各地趕去參加開幕式,就像舉辦一場盛大活動般。

這群粉絲在被稱為「巴馬狂奔」(Bama Rush)的 TikTok 風潮中擴大了。阿拉巴馬大學宣誓要加入女生聯誼

會的學生,分享了她們的當日打扮(OOTD,outfit of the day)。「我的鞋子是Shein的,珠寶是Kendra Scott的,裙子是在LoveShackFancy買的。」

起初,該品牌不知道該如何處理她們的新迷因(meme)[46]。麗貝卡回憶道:「我的第一個反應是,『不要秀給任何人看!』」她是曼哈頓人,就讀紐約大學,根本不了解TikTok上發生的事情。「我當時在想:『我們將要被人歸類了(pigeonhole)[47]。』然後,我一直留意情況,想去了解這群新粉絲。」

這個品牌善用並鼓動這種看似偶然的粉絲風潮。打從「巴馬狂奔」以來,開幕的新店都位於年輕、富裕居民和遊客集中的南部城市,好比邁阿密、休士頓和納什維爾(Nashville)。

LSF將粉絲聚集在一起,鼓勵她們參加店面舉辦的音樂會等現場特別活動。該公司網站上有數百張社群照

---

[46] 譯按:泛指翻玩一些梗的圖文或影像,尤其是梗圖。

[47] 譯按:尤指被人輕率分類。

片,照片中,粉絲穿著她們最喜歡的 LSF 服裝參加婚禮和派對,當然還有大學女生聯誼會活動。

這個社群是偶然誕生的,但現在它已是大夥共同創造和提供新產品創意的重要場所。

重要的經驗

上面的例子展示出兩種截然不同的產品和受眾群,但 Twitch 和 LSF 初期能夠成功,仍有某些共同點。兩者都無意建立社群,卻因為熱情粉絲的推動而迅速擴展行銷策略。

1. 社群的第一批低聲私語者,就是那些已經「融入品牌」(in the brand)的人,即簡彥豪的遊戲玩家,以及 LSF 的女生聯誼會學生。他們早就有一批熱情的粉絲,根本不需要招募社群成員。
2. 兩者早期看到粉絲要組織社群,都不願意配合,因為這和他們自己對品牌的看法不一致。品牌

的意義是由粉絲創造（或者重新創造），簡彥豪和麗貝卡最終都遵循這項原則，讓社群得以成長壯大。

3. 最後，無論簡彥豪或 LSF 都會舉辦現場活動，讓粉絲和他們這種截然不同的公司產生強烈的情感聯繫，藉此鞏固與線上粉絲的關係。本書的許多案例研究都集中在網路社群，但偶爾會有現實生活中面對面交流的成分。連 Kwik Trip 的粉絲也會舉辦現場活動！

想像一下，你第一次見到網友時的喜悅之情。品牌若能幫助人們在現實生活中體驗特殊的溫馨時刻，當然也能順道享有這些情感聯繫。

爲自然增長而奮鬥

我像麗貝卡和簡彥豪一樣幸運，剛起步時便有一小群充滿熱情的人替我的社群播種。我們很快就開始舉行精彩的討論會，以及進行各類計畫，但要讓新人加入仍然非常困難。

社群要成功，需要成員投入時間。我們是在和電視競爭，我們是在和約會競爭，我們是在和家庭活動競爭。人們在一天之中，隨時隨地都會受到無數的干擾。

社群發展專家大衛・斯平克斯（David Spinks）在其優秀著作《歸屬感企業》（*The Business of Belonging*，暫譯）中，談到該如何為自然增長（organic growth）而奮鬥：

「人們談論如何打造社群時，總喜歡描繪一幅美好的願景。某個人有了一個關於社群的想法，舉辦了他們的第一次活動，然後就像野火一樣蔓延！社群不斷成長，直到後來，哇！變成一個全球性的社群！這種說法會誤導人們。」

「這讓我們誤以為，如果營造正確的環境，在正確

的空間,採納正確的規畫並傳達正確的訊息,人們就會湧向我們的社群。不是這樣的。假使一個社群從第一天起就自然增長,它就是這項法則的極端例外狀況。」

「我採訪過許多打造社群的人,每個人都說自己必須非常努力,才能讓第一批成員加入。多數社群都是從小規模開始,然後一直保持著這種規模,除了第一批創始成員外,永遠不會向外擴展,吸收新血。某些社群能夠發展壯大,都是領導者十分努力招募成員和四處傳播訊息,像推銷產品或服務一樣去推銷他們的社群。你在幕後會發現有一個團隊忙著發送電子郵件、舉辦活動、推廣內容,以及盡一切努力推廣社群。各位要冀望自然增長,但得規畫手動成長。你要準備捲起袖子,讓社群得以成長。」

你可以使用下述方法吸納最初成員以外的新血來擴大社群:

- **錯失恐懼**(Fear of missing out,FOMO):對我來說,最有效的做法是在團體之外推廣社群的豐功偉業。幾乎每位新成員進入社群時都會如

此評論:「這看起來太棒了。我該如何參與?」
- **在現有空間推廣**:你是否在網站上推廣社群?在你的電子郵件簽名下推廣社群?在行銷資料、銷售簡報和公司外部的新聞通訊中推廣社群?我甚至會在平時的商務對話和公開演講談論我的社群。
- **親自參與**:另一個有效的技巧是親自宣傳社群。我每週都會和許多不同的專業人士互動。如果我邀請他們加入我的社群,我發現他們至少會嘗試一下。我的個人邀請讓他們感到很特別。
- **推薦引擎**:你的線上平臺也可以推動社群發展。如果你在 Facebook、Slack、Reddit、LinkedIn 或任何大型社交網路上託管社群,不妨利用它們的網路效應(network effect)[48]和推薦演算法(recommendation algorithm)。這在 Facebook 上尤其強大,「為你推薦的社群」可以讓許多

---

[48] 譯按:又稱「網路外部性」(network externality),指產品和服務的價值會隨著使用人數的增加而增加。

人看到並吸引大量新成員。

- **善用社群**：最能幫社群邀夥入會的，就是那些已經參與的成員。你可以為會員提供所需材料，讓他們能夠招募對你的社群感興趣的其他人嗎？

現在讓我們更深入探討。我們正在組成社群！這更像是一門藝術，而非一門科學，第九章將說明打造社群也是屬於一種非常規的商業策略。

案·例·分·析

社群成為企業

> 摘要：一家傳統的英國 B2B 公司善用訂閱時事通訊的民眾，打造基於社群的新企業。

馬克·馬斯特斯和世界上成千上萬的行銷人員一樣，擁有一家相當成功的經銷處，核心企業位於英格蘭美麗的海濱小鎮伯恩茅斯（Bournemouth）。馬克在那裡製作網站、提供有效的行銷內容並擬訂客戶策略。他寫了一本書，還四處演講，生意似乎沒什麼起色。點擊付費廣告、促銷、社群媒體……沒有任何管道能像以前那樣讓他的生意變得更好。

馬克說道：「我覺得錢都打水漂了。我沒有打造任何經得起時間考驗的東西。我像行銷領域的其他人一樣，每天都在顛簸前進。我只能算是個無名

小卒。」

馬克需要嘗試一些新東西吸引潛在客戶，因此他在 2013 年開始，每週提供時事通訊。他說道：「我打算吸引一批可以向他們兜售東西的群眾，因為這份時事通訊會讓他們有種熟悉的感覺，也能和他們建立情感聯繫。這就是我最初的目標：金錢交易。隨著受眾愈來愈多，有些當地的訂閱者想和我碰面。我和他們一起吃午飯，大家成了朋友。我發現自己更喜歡培養這些人際關係來了解周圍的人，而不是靠時事通訊和電子郵件以便盡快銷售產品。」

馬克透過時事通訊聯繫到更多的人，不久之後，他就和更多訂閱者會面。大家關係日漸密切，碰面聊天的次數也不斷增加，他在 2016 年成立一個午餐俱樂部。第一次聚會就有 22 人參加。

「午餐俱樂部可讓志趣相投的人聚集在一起，大家討論感興趣的商業話題。這就是突破的時刻。時事通訊的訂閱戶逐漸轉變成社群，因為這些人開始互相認識了。透過時事通訊，我是在幫助受眾，

但在社群裡，大家是彼此幫助。」

午餐俱樂部討論的話題很吸引人：學習小型企業在快速變化的世界中，如何求生存和發展所需的技能。午餐俱樂部成員引入了新夥伴，隨著俱樂部不斷發展，如今自稱為「你就是媒體」（You Are The Media，YATM）的社群，需要更大的空間讓成員聯繫。他們將聚會場所轉移到當地辦活動的空間。

馬克終於有了先前生意所欠缺的動力。是時候去煽風點火了。

快速的社群發展

馬克鼓勵社群成員腦力激盪，激發大夥思考可以如何合作。他創辦了一個 Podcast，以便關注這批不斷成長的商業專家。他還舉辦了頒獎典禮，褒揚對社群做出最多貢獻的人。他將領導一職下放給 YATM 社群成員，讓他們可以更快成長。

2018 年，就在第一次午餐俱樂部會議舉辦兩年以後，社群在歷史悠久的伯恩茅斯劇院舉辦了第一

屆 YATM 會議，向前邁進一大步。主講嘉賓既有才華又非常讓人喜歡，他就是名叫薛佛的傢伙。

馬克和他成員紛雜的商業專業團隊，不斷創造新的方式來聯繫、會面和彼此幫忙，方式如下：

- 網路教育訓練研討會
- 非正式聚會
- 透過 Zoom 舉辦的展示會
- 週五晚上的聚會（不可談生意！）
- 會議和特別活動
- 研討會
- Facebook 群組
- 雞尾酒會
- 針對學習提出的挑戰

有些人甚至每週五早上七點相約在英吉利海峽游泳。我的意思是每個星期五的早上，即使冬天也是如此！

馬克告訴我：「我週五早上得起床晨泳，即使當天的海水溫度是一年中最低，還是得去游泳，因為這是我們對彼此的承諾。獨自一人下海很孤單。但外面很冷的時候大家一起下海，彼此尖叫，任誰都能得到一點東西，好比友誼、一張令人難忘的 IG 照片、一則可以向朋友炫耀的故事。晨泳成為一種紐帶。」

本案例分析的獨特之處在於，馬克開辦社群時並未位居掌權的地位。起初他並沒有什麼知名品牌。馬克始終將社群利益置於個人或商業目標之上，進而逐步和會員建立信任關係。

他說道：「我不是自然能夠吸引別人去加入社群的名人。我和我的社群成員地位平等。我只是從旁推動。幾乎對任何人而言，打造社群都是很棒的機會。這不僅是大品牌才要做的事情！」

停電

隨著團體運作更加順暢時，小災難就發生了。

馬克的社群曾經舉辦一場重要活動,並且邀請了一批演講者。活動進行到一半時,突然停電,劇院不得不疏散人員。社群成員立即轉移到大街對面的一家酒吧,大家開始玩遊戲。馬克說道:「當時一片混亂,但沒有人離開。大家不但沒有生氣,反而很高興能聚在一起。我們玩得很開心,所以決定定期舉辦遊戲之夜。如此一來,一項新的傳統誕生了,就稱為 YATM 遊戲之夜!」

社群成員沒有因為這次事故而交相指責,諉過於人,反而輕描淡寫,一筆帶過,大家的情誼還變得更好了。馬克第一次意識到,許多人可以一肩扛起社群重擔。好的時候,大家一起好;壞的時候,大家一起壞。他們總是跟著社群共同往前邁進。他打造了一個超越午餐俱樂部或任何單一活動的群體。他正在建立一個足以傳世的組織。

他說道:「我正處於一個轉捩點。我的社群正逐漸轉變成企業。我花很多時間管理社群,反而沒空去管我的經銷處。我的社群了解我,他們知道『You

Are The Media』。老實說，他們現在甚至不知道我公司的名稱。YATM成了一個品牌。」

「坦白說，放棄控制權來建立社群，這樣說來有點奇怪。打造社群的流程和大學教的不一樣。我必須採取新的心態重塑自己，才能讓社群發揮作用。我正在學習信任這個群體，對這個群體採取完全透明的策略。」

「當然，我舉辦活動、提供諮詢、獲得贊助和得到新客戶，透過這個社群賺到錢。但大家都在受益，有可能得到一項自由業者的案件、出現在彼此的Podcast上、相互開發合作計畫，或者一起開創新的業務。成為『你就是媒體』的一員，就可能獲得地位，讓別人信任你。」

「這也讓我更有自信。從頭開始建立社群是很可怕的事。然而，當人們不斷出現來支持你和彼此鼓勵時，這種感覺真是太棒了。幫助我學會更加開放，以及知道該如何表達脆弱，因為這就是人與人聯繫的方法。我覺得活在眾目睽睽之下更加舒服。」

展望未來

YATM 的未來似乎既光明又充滿不確定性。馬克創立了這個基於社群的企業，但未來發展如何，不一定能仰賴明確的商業策略，而是取決於這個群體如何演變。

馬克說道：「我還在思考怎麼做，但我得到很多的幫助。我經營企業時，經常感到非常孤單，但在社群中，人們會一起想出解決方案。這是一種集體的聲音。大家集思廣益後，很多風險都被排除了，因為大夥總是能找到更好的解決之道。這仍然是一家企業。這不是什麼無私奉獻的地方，但這樣更有趣。」

馬克對這種新的經營之道深有感觸，因此在當地大學開設 YATM 的課程。他會在課堂上教導年輕人如何建立基於社群的企業。

他說道：「我不知道我們五年後會怎麼樣，但我知道事情會變得更好。我想待在一個自己恰好創立社群的地方，隨著年齡增長，逐漸融入這個社群，跟我喜歡的人在一起。」

CHAPTER 9

新的領導思維

...

　　如果你擔任行銷主管職務已有一段時間，改採社群的思維方式會讓你迷失方向。說句實話，你可能會覺得非常奇怪。

　　本章將探討社群行銷「較為軟性的一面」，以及為何它需要新的領導思維。若想建立成功的社群，要的不是科學，而是講求藝術，就像釣魚、愛情和美味披薩！

　　服從社群與行銷管理的許多傳統理念背道而馳。它打破控制、權力、代理關係，以及我們喜愛的行銷儀表板。我們以前認為，董事會批准的年度行銷計畫是靈活的回饋機制，可以讓我們的品牌持續跟上時代，但社群

讓我們重新思考這種傳統觀念。在最好的情況下，社群能將顧客轉變為幫我們宣傳的行銷人員。

在我們探索社群如何改變傳統的行銷觀念之前，先讓我們確定行銷部門最重要的人物。不，他不是行銷長（CMO）[49]。

社群經理就是行銷經理

那些靠領導社群為生的人，對於他們應該處在公司體制中的哪個位置有不同看法。對我來說，答案很明確。平常領導社群的人應該向行銷部門報告。

值得注意的是，只有不到30％的品牌社群領導者會向行銷部門報告。[六五]

在理想的情況下，組織的行銷主管會監控客戶體驗的各個層面，而我認為沒有比社群更深刻的客戶體驗了。

---

[49] 譯按：Chief Marketing Officer，亦作行銷總監或首席營銷官。

因此，社群功能屬於行銷範疇，這點毫無疑問，請別再跟我爭辯。

社群經理可能是行銷部門中最重要的資產。他們可能不是最有經驗、最有才華或最高薪的員工，但他們代表公司的形象，更重要的是，他們成了客戶的朋友。

1956年，社會學家創造了「虛擬社會互動」（parasocial relationship）[50]一詞，用來描述早期電視觀眾與新一類電視名人（包括新聞主播和每日脫口秀主持人）之間的聯繫。

研究人員在《精神病學》（*Psychiatry*）雜誌上寫道：「非常驚人的是，這些名人聲稱可以和一群陌生人建立親密關係。這種『親密感』（此處略為借用該詞通常之意），對許多願意享受它的人來說有極大的影響力，也能讓他們感到心滿意足。」[六六]

根據定義，虛擬社會互動是片面的（one-sided），但它跟真正的友誼一樣，會隨著時間推移而加深，也會

---

[50] 譯按：又稱「擬社會關係」。

因為迷人的名人日常動態而更加豐富。這種現象不僅限於電視。如今，只要有智慧型設備，誰都可以成為節目主持人，從中吸引觀眾，讓人迷戀，效果經常出人意料。

即使是我也不例外。

幾年前，我收到一位年輕人非常詳細和大膽的要求，他表現得好像是我的近親一樣。我遇過很多人，所以我想也許過去無意中對他做出一些承諾，但我就是不記得他了。最後，他要求我訓練他的老闆如何成為公開演說者。我當時問他：「我認識你嗎？」

他略顯羞赧，答道：「不好意思，我聽過你的每一集 Podcast。我還會聽你的有聲書，你的聲音一直盤旋在我的腦海裡。我忘了你不是我真正的朋友。」

親愛的讀者，這就是種虛擬社會互動，也是為什麼你的社群經理會是行銷部門的明星。你的客戶可能不知道你公司執行長的名字，但他們可能和你的社群管理團隊有重要的情感紐帶。

千萬不要低估社群管理團隊的人力配置、給予過低的薪資，或者輕視這項職位或職能。

影響身心健康的社群地位

領導規範的另一個轉變是地位（status）扮演的作用。在正常的職業或社交環境中，談論地位是種禁忌（至少是自戀的）。但對社群來說，地位就是一切。地位是供引擎使用的燃料。

為何地位和社群成功之間存在關係呢？這是根據一項基本理念，就是誰都需要被認可才能茁壯成長。

《地位遊戲》（*The Status Game*，暫譯）一書作者威爾‧司鐸（Will Storr）表示，社群地位是個人身分不可或缺的一部分。[六七]他說道：「我們遵守群體的行為規則時，就加入了群體。我們會遵守規則，愈能遵守規則，地位就愈高。我們開始穿得像群體成員，像群體中的人一樣說話，讀同類書籍等。我們在某個群體中，追求地位時是一個模樣；而在另一個群體中，追求地位時又變成另一個模樣。你無法分開地位遊戲和你的個人身分。」

威爾接著說道：「研究指出，我們隸屬的群體愈多，就愈快樂，情緒也會愈穩定。邁可‧馬默特教授（Dr.

Michael Marmot）的『白廳研究』（Whitehall Study）[51]揭露了一個值得關注的事實，[六八]亦即人身處的政府層級愈低，健康狀況愈差，死亡風險就愈大。你看到這項結果會立即認為，那是因為富人享有特權，能夠聘請私人教練，還能吃得健康，諸如此類的東西。然而，事實並非如此，因為人從最高層離職以後仍然非常富有，也還享有特權，但健康結果卻有所不同。」

他說道：「在不同性別、不同國家，甚至在動物身上都發現這種地位症候群（status syndrome）。一項研究指出，處於社群階層頂端的猴子因為享有崇高的地位，而不太可能生病。猴子的地位只要改變，牠們的健康狀況也會跟著改變。」

「社群地位不僅關係到我們的心理健康，還會影響我們的身體健康。」

---

[51] 譯按：這是一項為期十年的研究計畫，由倫敦大學學院（University College London）的馬默特教授主導，該計畫追蹤一萬多名 20～64 歲的英國公務員，並對他們的職級進行排序。

每種形式的社群都有意或無意地內建了一套地位體系。我們加入社群時，會看到有機會提高自己在喜愛群體中的地位。

人不一定非得處於等級制度的最高層才能感覺良好。我身為社群的領導者，一看到別人加入以後，會立即認可和鼓勵他們。

社群不斷發展時，授予地位不僅是實用的管理措施。有了地位，成員便能與社群（和品牌）建立情感聯繫，提高忠誠度，並且更願意宣傳品牌。

地位不一定來自頭銜。你不妨透過以下方式獎勵社群成員，幫助他們建立自尊：

- 公開認可
- 贈送禮物
- 貢獻內容
- 晉升社群的新階層
- 給予數位徽章
- 讓他們接觸專家
- 邀請他們參加活動

- 給予「非同質化代幣」(Non-fungible token，NFT)[52]和代幣(token)

為了好玩，我建立一套系統，讓社群中最活躍的人能獲得《星際大戰》(*Star Wars*)級別，例如：絕地(Jedi)、絕地武士(Jedi Knight)和宗師(Grand Master)。這一切都是為了好玩，但有一個人打趣道：「我剛剛發現自己成為絕地學徒(Jedi Apprentice)。我現在必須保持最年長學徒的紀錄，這可能是本週發生在我身上最棒的事情！」

我身為社群領導者，要注意兩個主要優先事項：一，維護安全協作的文化；二，賦予成員地位。

---

[52] 編按：一種加密數位資產，使用區塊鏈技術進行記錄和驗證。

社會契約

　　社群及其在行銷策略中的角色，有另一個讓人意想不到的層面，就是隱含的社會契約（social contract）。

　　多數行銷都是短暫的。你可能會看到或錯過某一則廣告。你會點擊連結，也可以不點擊。你也可能看到或遺漏某則推文。當資金用完時，行銷活動就會結束，然後你就開始做別的事情。

　　然而，社群是一種持久且雙向的情感交流。

　　Google 可是經歷了慘痛的教訓才明白這一點。

　　2011 年，該公司推出了 Google+，想要和 Facebook 一爭高下，成為全球社群的中心。這是他們第四次嘗試建立社群網絡，投入了 6 億美元，這是矽谷史上成本最高的新創計畫之一。

　　Google 立即大有斬獲。到了第一年年底，Google+ 擁有 9,000 萬用戶，時至第二年年底，用戶數飆升至 5.4 億人。

　　Google+ 擁有簡潔的設計和各種流行的新功能，非常適合社群（稱為「社交圈」）。你可以根據關係親疏

來分類聯繫、主持視訊聊天聚會,並且利用搜尋等其他Google功能整合的強大協作工具(collaboration tool)。

然而,一旦粉絲們度過最初的炒作風潮後,這個平臺就失去了吸引力。至於Google+為何會衰敗,坊間已經有許多探討文章,但我看來,歸根於以下的事實:人們根本不需要Facebook的競爭對手。

如果要將朋友、遊戲和社群,從Facebook轉移到新的社群網路,就得耗費巨大的心理轉換成本。雖然Google+設計得很美麗,用起來也很順手,但它不夠酷,也不夠獨特,不足以讓多數人拋棄舊愛,轉而使用它。為了讓大量用戶採用,Google需要打造技術等同於女神卡卡(Lady Gaga)的產品。然而,他們卻打造出湯姆·漢克(Tom Hanks)。Google+讓人愉快和感到安全,但它永遠無法成為不可錯過的「風靡之地」,讓新粉絲可以群集歡聚。

數百萬人會去玩玩Google+,但它缺乏文化內涵,根本無法留住人。到了最後,人們每月在Google+上花費約三分鐘,卻在Facebook上花費近八小時。2019年3月7日,Google終止了這項服務。

沒有太多人使用這個平臺，但到了最後，仍然有成千上萬的人喜歡 Google+，並將一切都奉獻給它。他們在這裡主持脫口秀、建立新的業務，以及聚集忠實的社群成員。

然後「噗！」的一聲，這些人的社群在一天內就消失無影。

我的朋友斯科特・斯考克羅夫特（Scott Scowcroft）曾是 Google+ 的粉絲。他告訴我：「我有五年的時間沉浸在這個新平臺，那是一段神奇的時光。我透過有意義的社群，建立了持久的友誼。我屬於那個地方。當 Google 停止服務時，我認為這樣做很冷血……甚至可說是惡毒的。我怎麼能再相信這家公司呢？這違反了他們和我之間的社會契約。」

讓我們倒帶一下……「違反了他們和我之間的社會契約」，這種說法不是很讓人著迷嗎？你目前的行銷活動是否提供了與客戶的社會契約？可能不會。就像我說的，多數行銷都是短暫的。

社群不僅是行銷預算的其中一環。它是與客戶的社會契約。從組織而言，必須理解這點，然後將其嵌入文

化之中。社群應該提供全面的長期承諾,就像契約一樣。

不要建造自己的房子

幾乎每個社群都會有一個線上組件(online component),即使它只是讓成員在會議之間分享想法,以及發布新聞,宣傳即將舉行的活動。

受歡迎的社群平臺包括了 Twitter Chats、Slack、Discord [53]、Reddit、WhatsApp、Pinterest 和 LinkedIn,林林總總,這只是其中的一部分。Facebook 擁有一千多萬個各色群組,它的一半用戶至少屬於五個社群。[六九]另有數十個專為社群設計的軟體平臺,可幫助大家管理日常的社群功能。

---

[53] 編按:以語音、文字和影片聊天為主要功能的即時通訊平臺,最初專為遊戲玩家設計,現今其用戶群體已擴展到各種社群和興趣團體。

我不了解各位讀者的具體情況,顯然無法推薦一個平臺,但我可以指出「不適合」建立社群的地方。

太多公司仍然專注於需要擁有自己客製化封閉平臺的想法,因此重複了第一批網路社群的致命缺陷。

無論這種迷戀是出於自負還是別人給的糟糕建議,這樣做很少能夠奏效,但絲芙蘭、樂高或 Nike 等受歡迎的品牌屬於例外。

客製化社群會失敗,原因很簡單:如果你要人們每天登入一個新地方,甚至學習新平臺的語言和程序,根本是徒勞無功。最好看看客戶平常上網時會瀏覽哪些平臺,然後在那裡建立社群。其實,社群通常已經存在,只要加入即可!

幾年前,我替某間世界級的科技公司提供諮詢服務。他們已經在自己的網站建立一個很棒的封閉社群,但參觀那裡就像站在大峽谷底部,裡頭空蕩蕩的。他們感到很沮喪,因為無論怎麼做,都無法將顧客吸引到這處美麗的私人社群。

我立即發現問題。一大群熱愛資料安全者(理想客戶!),早已在 Slack 建立了一個歷史悠久的社群。這

些人為什麼要點擊一處新地方並離開朋友呢？這家科技公司創建的私人空間既不是自然的，也和客戶的日常體驗無關。

我建議該企業領導團隊成員加入現有的 Slack 社群，但不要去推銷，只要提供有用的資訊即可。不到十八個月，他們的副總裁就受邀成為社群裡其中一位管理員。這家企業便關閉了自己的網站。

他們不「擁有這個團體」，是否意味著對團體的影響力會比較小？參與社群就是要放棄權力。這家科技公司的領導者擁有更高的可信度，因為他們是以平等的身分加入社群，他們慷慨幫助社群且樂於助人，進而獲得權威地位。

各位組織社群之前，請先進行研究，以確保外頭還沒有自然創生的類似聚集場所。

本書接著要談論讓許多社群管理者畏縮的部分：衡量。下一章會直截了當地給出一個簡單的答案，但你可能不會喜歡。

案・例・分・析

透過社群打倒巨人

摘要：音樂串流媒體平臺 Spotify 給予一群超級粉絲地位，藉此激勵他們。這個社群如今成為該公司的最大競爭優勢。

以下是我能想到最困難的行銷問題：你是一款顛覆性應用程式的行銷領導者，打算取代某一款已經成為每部 iPhone 標配的應用程式，而該程式不但有用，並且搶占了主導地位。

Spotify 不僅實現這項目標，其音樂訂閱用戶人數是 Apple Music 的兩倍以上。

他們是如何完成這項驚人壯舉？這得歸功於社群。各位可能不會對此感到驚訝。我的意思是……你目前正在讀的，就是一本探討社群的書！

2012年，Spotify推出第一個客戶社群作為入口網站，讓用戶可以交換播放清單並尋求技術支援。僅僅十八個月以後，它演變成「Spotify搖滾明星」（Spotify Rock Stars），這是專門為超級粉絲提供的計畫，讓他們在更大的Spotify社群回答問題，回應社交媒體上對品牌的評論，以及找出客戶的痛點（pain point）[54]。作為交換，這些人可以在私人論壇中直接接觸Spotify社群團隊，參與產品研究和測試計畫，同時獲邀參加現場音樂會。

Spotify社會關懷和社群主管（Head of Social Care & Community）艾莉森‧萊希（Allison Leahy），和搖滾明星計畫駐墨西哥成員奧斯卡‧奧索尼奧（Oscar Osornio），分享了在社群中鼓動風潮的四個見解。

---

[54] 譯按：指消費者在體驗產品時，沒有滿足原本的期望而心生不滿，最終形成負面的心態。

1. 給予地位

Spotify 的社群利用遊戲化（gamification）激勵成員參與。例如，每個地位排名都附帶獎勵，好比 Spotify 訂閱和提供商品，以及可以針對該平臺「明星在聽什麼」的播放清單提出建議。

只要達到「搖滾明星」級別，就能定期和開發人員會面，並且在應用程式功能實施之前測試它們。這種級別粉絲的回饋，直接塑造了 Spotify 的產品。

最大的福利是什麼？前十位最活躍的「搖滾明星」將獲邀參加一年一度的「搖滾明星果醬」（Rock Star Jam），也就是他們可以免費前往斯德哥爾摩旅遊，和其他社群成員一同相聚遊玩。

2. 專注品牌價值，而不是銷售指標

Spotify 發現從社群獲得了好處，這些人不僅對其品牌非常忠誠，留存率和參與度也很高，而且熱衷產品，最重要的是，他們還能帶來創新。

艾莉森承認，很難從金錢的角度來量化這些事

情,但它們對於品牌非常有價值,這點不可否認。她說道:「我們和世界各地充滿熱情的客戶建立了直接聯繫,並且持續創造價值,而我們的業務主管認為這樣非常吸引人。」

他們優先考慮參與度和新產品創意等定性指標(qualitative measure),而不是收入等定量指標(quantitative measure)。

3. 謹慎成長

當 Spotify 將其專屬的「搖滾明星」級別,從 50 名會員擴大到 150 名時,它顯然沒有基礎設施或資源,以便有效吸納新會員。

艾莉森說道:「每當湧入大量新成員時,管理這種變化情勢可能得非常謹慎,特別是如果你擁有一群彼此非常了解的核心用戶。建構這樣的計畫需要時間。你得投入適當的心血培養一項計畫,否則它就會變成交易性的項目。」

艾莉森表示,Spotify 知道只要發展社群,未來

將可帶來更多價值:「我們希望釋放這種潛力,讓我們現有的『搖滾明星』能有新的方式做出貢獻和善用網絡效應,讓更多同儕和搖滾明星主導吸納和指導社群成員的事宜。」

4. 優先考慮社群成員之間的關係

對於公司來說,促進與社群成員自上而下的關係顯然非常重要,但培養社群成員之間的關係更重要。

奧斯卡與來自全球的「搖滾明星」成員和志同道合的 Spotify 用戶,建立了深厚的友誼,讓他們更為依戀這個品牌。他說道:「到最後,我最喜歡去認識別人。當你親眼見到他們時,你會覺得自己已經認識他們,因為你每天都可以在社群和他們互動。然後,親自與他們交談時,就會明白國籍並不重要,更重要的是你們對音樂和技術有著共同的興趣和熱情。」

許多研究證明,社群成員之間的交融互動可帶來正向感覺,會讓人對品牌更忠誠、購買更多的產品,以及替品牌宣傳。

CHAPTER 10

衡量的真相

...

本章要解決一個讓人困惑的問題：如何衡量品牌社群的投資報酬率（ROI）？

管理線上社群的人一直有種焦慮，不知該如何證明社群的價值。將近90％的社群管理專業人員，認為自己的工作對於達成公司使命至關重要，但只有10％的人表示，可以透過量化品牌社群的價值來證明自己的價值。七一

他們長期感到挫折，所以催生了五花八門的衡量方法，包括對社群影響力和價值的複雜評估。一般來說，這些非傳統的衡量方法無法奏效，因為它們使用一套新語言，可能讓會計師感到陌生，進而心生疑慮且難以理

解。為了在組織中獲得信譽，我們必須使用商界聽得懂的母語。

衡量最終取決於你的目標。如今，多數社群屬於交易性質，全都仰賴客戶自助。這就比較容易衡量。如果你知道每筆交易通常耗費的客戶服務成本，透過社群去計算成本避免（cost avoidance）[55]就很簡單。

話雖如此……。

本書特別聲稱要擴大社群角色，使其作為行銷和打造品牌的關鍵策略。將社群定位在行銷策略之內，並且向行銷部門回報社群情況，會讓衡量更加容易。

若想從行銷視角量化社群價值，首先必須知道兩種類型的行銷，以及它們與社群和衡量的關聯。

---

[55] 譯按：成本避免又稱為成本免除，指企業生產商品或提供服務時避免可能產生的費用或損失。

兩種類型的行銷

如果你熱愛運動，可能知道這款傳奇產品開特力（Gatorade）[56]。這種飲料由佛羅里達大學（University of Florida）的研究人員在 1965 年開發出來，專供該校的美式橄欖球隊「鱷魚隊」（the Gators）飲用。佛羅里達州陽光高照，球員可以在訓練時喝開特力，補充流失的碳水化合物和電解質。如今，開特力為百事公司（PepsiCo）所擁有，並且銷往八十多個國家。

開特力是強大的品牌，在價值 300 億美元的運動飲料市場中，有高達 75％ 的市占率。數十年來，開特力持續創新，行銷無處不在，遂能享有如此高的知名度和主導地位。如果你在電視上觀看熱門體育賽事，可能會從賽場上、賽場附近或賽間廣告看到開特力的身影。

在雜貨店的貨架上，開特力大約每瓶 2 美元（約新

---

[56] 譯按：又譯佳得樂，是一種非碳酸運動飲料，屬於百事公司旗下產品，由桂格燕麥公司銷售，最初是供運動員使用。

臺幣65元），而其最大的競爭商品Powerade[57]的售價為每瓶89美分（約新臺幣29元）左右。開特力這種卓越品牌賺取超過100％的溢價（premium）[58]，因為它透過品牌行銷，贏得消費者的信任。Powerade是新競爭對手，目前占據第二的位置，但仍然遠遠落後，必須採納不同的行銷策略，透過折扣競爭，付費讓產品擺在商場更為醒目的位置，或許還能透過其母公司——可口可樂強大的配銷系統（distribution system）來獲取些許優勢。

在這種情況下，我們將看到兩種不同類型的行銷在現實世界如何運作。如果我們了解其中差異，便能更加理解和衡量品牌社群。

Powerade比較不知名，被迫在戰壕中競爭以賣出更多商品。它必須將大部分的預算用於**直效行銷**（direct marketing，直接行銷）。

---

[57] 譯按：可口可樂推出的運動飲料。

[58] 譯按：產品溢價指的是超出正常競爭條件下的市場價格，表示消費者購買某企業的商品而願意額外支付的金錢。

直效行銷是以交易為導向,而且可以衡量。如果 Powerade 在 Facebook 上投放廣告,並計算轉換為銷售額的點擊次數,那就是直效行銷。如果他們在商場走道的盡頭設置展示架,發放優惠券給路過的民眾,那也是直效行銷。他們不斷在移動產品。這種行銷比較容易衡量效果。

相較之下,開特力是最受歡迎和最值得信賴的品牌,穩坐運動飲料的王座。即使 Powerade 開發出可以改善肌肉痠痛,或口味比香檳更棒的新配方,開特力的銷量仍然可能超過 Powerade。因為,開特力早已在體育文化中扎根甚深,贏得消費者的信任和忠誠。

開特力打的是品牌行銷(brand marketing)。品牌行銷著重情感連結和深耕文化,而非關注直接交易。

它大部分的行銷預算,花在以萊納爾・梅西(Lionel Messi)等超級巨星為主角的品牌開發和活動贊助,以及在世界杯(World Cup)或超級盃(Super Bowl)等盛大賽事上宣傳品牌。

那種行銷投資幾乎無法衡量。

最受歡迎的美國運動傳統之一是「開特力浴」

（Gatorade bath）。在比賽得勝後，球員們會偷偷走到教練或明星球員身後，拿著巨型的場外飲料容器，把裡頭裝滿的冰鎮開特力倒在他們頭上。電視轉播一定會捕捉這個高光時刻，粉絲們也會一直將這種畫面重播多年。

因為某些球隊或聯賽的贊助協議（屬於品牌行銷的一部分），場外會擺放開特力飲料，才會出現這種歡欣鼓舞的場面。

開特力浴的投資報酬率有多少？根據聯賽贊助協議，開特力的品牌標誌能夠出現在球隊的長凳上，場邊的巨型容器還能裝滿它的飲料，而球迷們因此購買了多少開特力呢？答案是，沒辦法知道。

我們認為，球隊贊助之類的品牌行銷可以幫助我們銷售更多產品，但幾乎無法將兩者直接劃上等號。你若想確定品牌行銷的投資報酬率，將會搞得自己發瘋。但它的確有效。開特力擁有70%的市占率，其銷售價格又是對手的兩倍。這就是證據……以及問題。歸根究柢，品牌行銷取決於信仰而非生硬的數字，因此許多企業主管不喜歡這一點。

社群是品牌行銷的一部分

是時候把點連起來了。讓我們回到第三章,重新檢視品牌社群可能帶來的行銷優勢:

1. 透過客戶自助節省成本
2. 透過會費模式變現
3. 品牌差異化
4. 會員關係會造成品牌轉換成本上的情感障礙(emotional barrier)
5. 會員對話可透露讓品牌跟上時代的機會
6. 促成產品創新的見解
7. 產品表現的直接回饋
8. 資訊流通加速
9. 信任公司其他的溝通訊息
10. 以自然方式宣傳品牌
11. 認識新產品和服務
12. 顯著提升顧客對品牌的忠誠度
13. 對顧客維繫(customer retention,顧客保留)

有正面影響

14. 共同創造產品與服務
15. 與文化趨勢搭上線
16. 取得第一手客戶資料

　　在這些讓人羨慕的優勢中,你認為哪些是直效行銷的好處(容易衡量),哪些又是品牌行銷的好處(無法衡量)?

　　答案有兩個:只有客戶服務和會費模式是交易性的,並且容易衡量。

　　在這份列表中,90％以上的好處都源自於品牌行銷的情感聯繫。如果溝通速度加快、能夠挖掘客戶資料和見解,以及客戶會以自然方式宣傳產品,你會賣出更多東西嗎?答案不言而喻,肯定會的!

　　你能準確衡量這些嗎?不,你辦不到。

為何錯失90％的潛在行銷優勢？

當今，70％以上的品牌社群仍然將客戶服務作為主要目標。七二會有這種情況，一點也不奇怪，因為這樣做很容易衡量成效。直效行銷有其財務屬性，銷售成果明確，可讓會計師欣喜不已。社群管理者也可以藉此證明自己的工作有成效。

然而，這就表示至少70％的品牌社群錯過了90％的潛在行銷優勢，因為這些優勢很難（或不可能）衡量。真是太誇張了！已有一百年歷史的過時行銷衡量傳統，竟然使我們無法充分利用社群優勢來擊垮競爭對手。

各位可能會覺得，我建議你大筆投資社群，卻無法直接衡量財務結果，這不就違反了不可改變的商業法則嗎？然而，這正是你需要做的事。

當今行銷界有一個新的真理：你要嘛跟上文化脈動，要嘛可以衡量，但是不可能魚與熊掌兼得。

我的老師兼導師彼得・杜拉克（Peter Drucker）曾說：「企業的目標是創造和留住客戶。」消費文化不可預測且快速變化，要想實現這個目標，必須採納全新的

方法⋯⋯就算我們無法輕易地衡量它。

　　當你閱讀這段文字時，你的競爭對手正要求會計師去確認某個客戶社群的投資報酬率。他們可能只想到我們清單裡的其中一項好處，也就是客戶自助，因為他們可以衡量它，而且我可以保證，他們也在爭論這一點！

　　他們跟 Powerade 一樣，不得不為了讓顧客購買產品而苦苦掙扎，整天只知投放荒謬的廣告，浪費金錢處理搜尋引擎最佳化，並且試圖用優惠券斬獲商機，贏得銷售冠軍寶座。

　　然而，你知道他們不知道的事。你可以成為開特力，打造一個深受喜愛、值得信賴和輾壓市場的品牌，專注於文化紮根和獲得見解，以及與客戶建立情感聯繫。你擁有強大的新策略去創造和留住客戶，而它就是社群。

　　將社群重新定義為品牌行銷的延伸，可從中獲取優勢，因為品牌行銷是多數公司已經了解的事情。它融入了商業語言，成為預算的一部分，也是行銷部門的分內工作。

　　無論你是財星 500 的大企業、非營利組織或正打算從事自由業的個體，你都已經在品牌行銷上投入精力。

問題是：如果你不把錢花在沒人看的廣告，而是投入到社群，會發生什麼事呢？在你的利基市場（niche）中，將會有一個主導的品牌社群。它應該是你的社群。

你能成為自己所在產業的開特力嗎？

你可以的！但是不能只將社群視為節省成本的手段，而是必須將其視為品牌的重要成分。

社交分享：最重要的指標

二十多年來，公關公司愛德曼一直在研究「信任」。根據他們的年度全球調查，民眾對政府、媒體和廣告的信任度不斷下降，有這種情況，一點也不讓人意外。到底人們信任誰？答案是，人會信任別人，譬如朋友、鄰居或家人。

如今，這就是品牌故事發生的地方：要透過人，而不是藉由廣告。透過社群媒體的貼文、見證和評論。社群行銷機會的重要環節就是能夠促進口耳傳播，我們可能從中衡量成功與否。

因此，行銷人員就是要幫助社群成員將社群內的熱情和歡樂，傳播給社群以外的受眾。你的客戶就是你最好的行銷人員。你如何幫助他們完成這項工作？

答案很簡單：給他們可以談論的話題。

管理諮詢公司麥肯錫發現，社群活化（community activation）的關鍵有兩個：一是「英雄」（hero）產品，二是有話題可講的故事。[七三]品牌應該盡力開發能夠引起轟動的獨特產品。擁有這種英雄產品可主導消費者話題，免得他們礙於過多選擇而無所適從。

你現在應該知道客戶不想在社群中被「推銷」，但他們確實希望學習、體驗和做出貢獻。品牌能夠透過以下方式，利用英雄產品引起轟動：

- 提供獨占或搶先體驗的機會
- 讓社群參與體驗式的互動活動
- 免費提供樣品，尤其是開發階段的半成品
- 創造與他人分享產品的獨家機會
- 推出互動行銷工具，讓消費者能以數位方式試用產品

為了讓客戶有話題可聊，品牌還需要提供一系列可供粉絲關注的內容。我認為話題內容有五項特徵，可用首字母縮略詞「RITES」（儀式）來表示：

- **相關性（RELEVANT）**：內容是否與社群的重要價值或熱衷之事有關？人們分享內容時會說：「我相信這一點。」
- **有趣的（INTERESTING）**：這是跟朋友喝咖啡時能談論的事情嗎？
- **即時的（TIMELY）**：人之所以願意傳播訊息，是因為他們想讓自己看起來很酷。他們講的故事反映出自我形象。能跟朋友通風報信，就是能和同年齡的人息息相通。
- **娛樂性（ENTERTAINING，或者讓人興奮！）**：人只要聽到病毒式內容（viral content）[59]，最常見的感受就是驚嘆。這是顧客以前從未見過的。

---

[59] 譯按：這裡的病毒之意是「能在個體間迅速傳播」或者「在網路上迅速流通竄紅」。

我們喜歡分享讓人發笑或說「哇！」的事情。

- **更棒的（SUPERIOR）**：你的競爭對手可能正在創建相同類型的內容。如果他們做得比你更好，你的客戶就會離開。務必要持續改良自己的內容。

透過故事讓社群活化可開啟一個新的衡量機會，因為我們可以透過社交聆聽（social listening）[60] 平臺，輕鬆觀察某些外部參與情況和線上對話。

除了銷售轉換之外，我認為社交分享（social sharing）是社群最重要的指標。粉絲傳播你的組織和產品的訊息就代表自然宣傳，那是真實可靠且可信的。讓客戶談論你的品牌，比購買任何廣告都有效。

追蹤客戶如何替你宣傳，也是給予社群成員地位的機會。分享內容的人，應該是你社群中最有價值和最受

---

[60] 編按：新興的市場調查方法，在社群媒體和網絡上追蹤、觀察特定字詞如何被提及或搜尋。

認可的成員!

關鍵指標──參與度

研究指出,在消費者和品牌之間建立聯繫,可讓品牌站得更穩,也能提升顧客的忠誠度。[七四]社群成員彼此交流訊息就能促進這種聯繫。其實,參與度是會員之間有強烈歸屬感的關鍵指標。[七五]一些研究表明,人們參與社群的主要原因是為了獲得這種感覺。[七六]

我研究過不少社群,幾乎每個都將成員參與度視為關鍵指標。對話頻率和會員活動是軟性的衡量標準,卻是銷售和行銷成功的領先指標。

成員只要在社群中看到大家互相支持,就會更喜歡品牌。參與度與品牌忠誠度、品牌知名度(brand recognition)、正向口碑和購買意願之間,具有直接的關聯。[七七]

因此,品牌的關鍵角色就是要確保高水準的參與度,尤其要注意會員的互動,這是有道理的。

銷售和潛在客戶

在第四章「老闆媽媽」的案例研究中，達娜·馬爾斯塔夫指出，她專注於激發社群目標並發起一場運動，也就是打造品牌。但幾年以後，這個社群不斷壯大，成員還會購買她的優質內容和服務以獎勵達娜。收入很重要，而這也顯示她不斷創造的產品符合社群的需求。

最終，社群可以為銷售目標做出貢獻。如果你不斷提高成員的忠誠度和意識（品牌知名度），並減少客戶流失，這應該會自然發生。別忘了，社群必須滿足成員的需求和目標。如果你不過是利用它來替產品打廣告，社群就會崩潰。

如果強調銷售業績，也可能會為社群發展目標帶來壓力。務必小心行事。社群一旦變大，就會減少聯繫和對話。回想一下，社群成員與品牌的情感聯繫是由社群裡的人際關係所驅動。尤其是在專業的 B2B 社群中，規模愈大，可能愈不好。

貼紙測試

本章並不尋常，提出了看似不可能的建議，我想用另一件奇怪的事情來收尾。

我在撰寫《行銷叛變》時遇到一個問題：該如何判斷某人是否感覺自己屬於某個品牌？有什麼方法，可以指出公司正與客戶建立重要且有意義的情感聯繫？

我想到一個主意：貼紙。

你可以借我的車、我的衣服，甚至我的房子，但請不要碰我的電腦和手機。這些是我數位生活的神聖門戶。幾乎每個人都是這樣。

用貼紙裝飾這些設備，象徵非凡的歸屬感。貼紙會明確向外界宣告：「我相信這個組織，它是我的一部分。我屬於它。」

有一次，我在堪薩斯州美麗的威奇托（Wichita）演講，一群大學生要求與我合照。一名二年級學生舉起iPhone拍照，相機背面貼滿了YETI[61]的貼紙。

我問她為什麼手機上貼滿這家公司的標誌。她不厭其詳地述說了YETI對她的意義、這個品牌如何與自己

的世界觀一致,以及她如何成為該公司線上社群的一員。這位女生說自己還在讀書,預算有限,但她過節時總是會為家人買昂貴的 YETI 商品當禮物,因為她屬於這個品牌。

沒錯!就是貼紙,它們意義重大,即使對賣冰櫃的公司也是如此。你需要做什麼才能建立非常喜愛你的社群,讓他們想將你的貼紙貼在筆電上?這不就是衡量社群成功與否,很棒的標準嗎?

下一章將展望未來。如今,社群正發生意想不到的**轉變**,某些社群將隱藏在祕密的角落。

---

61 譯按:美國製造商,專門生產戶外產品,例如儲冰盒或保溫杯。

案·例·分·析
有 600 萬成員社群的投資報酬率

摘要：絲芙蘭押寶於社群品牌的行銷方式，顯然與其他公司有所不同。

　　第六章提過著名的美容品牌——絲芙蘭。他們的 Beauty Insider 擁有 600 萬成員，是世界上最大的品牌社群之一。

　　數百萬的線上客戶會提倡某些想法，也會創新和發表見解。絲芙蘭該如何衡量這些舉動所產生的絕對價值？

　　他們做不到。

　　他們不必做。

　　其實，他們不願意拿財務術語去衡量社群，因為害怕會毀掉無法替代的魔法！

絲芙蘭副總裁阿萊格拉・史丹利（Allegra Stanley）接受採訪時表示，她的社群主要指標是成員增長，以及對新計畫和內容的參與度。

她說道：「她們是否賺取積分並兌換獎勵？她們參與我們的社群嗎？她們是否善用我們提供的經驗？我們透過為客戶提供和展示各項好處後，看看社群成員的參與度，以此衡量是否成功。」

絲芙蘭的客戶不斷進行美容之旅，因此 Beauty Insider 的使命是引領成員，使其了解當前的美容趨勢，確定未來發展方向。

阿萊格拉說道：「我最喜歡為社群成員提供獨特的體驗。他們將對品牌的忠誠融入生活，這點非常重要，因為如此一來，我們才能和客戶熱烈互動。」[七八]

根據絲芙蘭的計算，社群成員貢獻了公司 80％ 的銷售額。即使顧客不購物，Beauty Insider 也會將她們吸引到絲芙蘭的網站。從這些人的舉動，可以確認參與度和銷售額之間有所關聯。高參與度使交叉銷售（cross-sell）[62] 增加了 22％，也讓追加銷售（upsell,

向上推銷）[63] 的收入增加了 51%。

然而，這項發現不一定能解決衡量問題。

社群中最活躍成員的花費是普通客戶的十倍。他們是否因為社群而消費更多的金額？或者這些人頻繁參與社群，是因為他們作為客戶而獲得更多（地位／權力）？不可能知道。這有點像開特力浴。

絲芙蘭的品牌行銷策略核心是——善用社群全部的力量。他們依靠參與度和成長等易衡量的指標，作為進步的象徵，不需要憑藉直接促成銷售的證明，來表示努力經營社群是合理的。

---

[62] 譯按：讓顧客在原定的消費之外，同時購買其他相關產品或服務。

[63] 譯按：說服顧客購買額外或者更昂貴的產品。

Section Three

下一代的社群

CHAPTER 11

Web3 和社群的新領域

...

本書一開始指出三個大趨勢，這些趨勢彼此碰撞，顯示社群是下一項重要的行銷理念。這三大趨勢分別是：傳統行銷策略已過時、全球爆發心理健康危機，以及支持社群的技術日漸興起。

我尚未討論的趨勢就是技術，但它在未來行銷中同等重要。科技界能提出對社群至關重要的構想！

網路的基本功能通常是幫助我們創造、連結和被人發現。只要有鍵盤和 Wi-Fi 連線，便可發布內容和想法去影響世界。這就是 Web1。

全球民眾釋放了創造力！不少人得以上傳影片、發

布 Podcast、撰寫部落格，以及運用每一種可以想像的創意管道吸引熱情的受眾。這些創新者能夠透過受眾變現獲利，令人興奮的新創作者經濟於焉誕生。這就是 Web2。

問題在於這些創作者主導的商業模式，可能會被局外人操縱。廣告收入來自社群網絡。贊助資金來自品牌，因為這些品牌受益於他們的內容和個人資料，以及能夠討好來之不易的受眾。創作者的收入可能會因演算法改變，或他們從未見過的公司高階管理階層突發奇想，而瞬間受到影響。他們可能會在沒有任何警告的情況下，被人從平臺或品牌交易中剔除。

Web2 的變現（貨幣化）也意味著妥協。我認識一位工作室主管，他有一部電影即將上映。這位高層告訴我如何與某位創作者合作，向對方忠實且可能喜歡這部電影的 YouTube 觀眾宣傳影片。工作室的廣告代理商擬訂了詳細的宣傳計畫，包括在週二早上放映這位具影響力創作者的推薦影片。

結果這位創作者說：「我不曾在週二早晨上傳影片。這是行不通的。我的觀眾根本不會知道發生什麼事。」

然而，他被告知：「我們知道自己在做什麼，這就

是你要做的。」

不出所料,事情搞砸了。這位創作者很尷尬,因為他向觀眾發布了不自然或不真誠的內容。

創作者必須要透過自己的經濟社群(economic community),才能更好地掌控自己的作品和收入。這就是 Web3 背後的想法……或者至少是其中一部分的構想。

Web3 並沒有標準定義,讓它得以一目瞭然。然而,我更喜歡用以下簡化的方式來看待它(因為我的思想非常簡單):推動 Web3 的主要力量是去中心化(decentralization)[64],這表示從理論上來講,人(而不是公司)將會透過自己的經濟社群,更好地控制自己的資料、金錢和命運。

當你擺脫 Web3 術語的複雜迷霧後,就擁有了以創造性的新方式,營造歸屬感和培養社群的技術。讓我們更具體檢視 Web3 的四個層面:

---

[64] 譯按:又稱為分散化或分權化,端視從哪一個領域切入。

- 非同質化代幣
- 數位錢包（digital wallet）
- 代幣化經濟（tokenized economy）
- 元宇宙

本章如同一個發射到廣闊新宇宙的太空艙，但你得透過它去窺探將來可能發生什麼！

非同質化代幣

如果你稍微了解 NFT，可能會想到以數百萬美元標價要出售（或不出售！）的愚蠢藝術品。

NFT 遠不止於此。

簡而言之，它是一種數位合約，有時則是對社群的承諾，NFT 是由穩定的區塊鏈（blockchain）所支持。我不會討論區塊鏈，免得本書的篇幅過長，超出合理範圍。

不妨這樣說，NFT 的最佳狀態是驗證過的合約，足

以作為所有權（ownership）和確定性（certainty）[65]的證明。

實體貨幣和加密貨幣（cryptocurrency）是「同質化」（fungible），表示它們可以相互交易或交換。它們也是等價的：一美元總是值一美元，一枚比特幣（Bitcoin）鐵定等於另一枚比特幣。

NFT 則不同，它是非同質化。每一枚 NFT 都有一個數位簽名（digital signature），因此 NFT 無法像你熟悉的合約那樣可以彼此交換。

然而，這並不表示它沒有價值。試想一下你若有永久合約，以及可在社群內使用 NFT 的話，可以做些什麼。擁有 NFT 的人或許可以解鎖特殊權利、擁有獨家訪問權、閱讀特殊的內容、擁有活動入場的權利，或者受邀參加某個聚會。NFT 可以象徵身分，表明某個人是社群的頭號成員、第一位跨越里程碑的人、特殊計畫的成員，

---

[65] 譯按：在哲學領域中，確定性有兩層意思：一是確定無疑，二是真實無誤。

或者受邀參加聚會的人。NFT可以授予參與合作專案的權利，並且保證可分享共同創建產品的未來收益。

NFT可以擁有情感價值，如同數位藝術、收藏品或影片。某些作者已經將他們的部分書籍作為NFT，向外提供。本章末尾的案例分析指出，NFT如何成為社群團結起來的首要原因。

事情會愈來愈酷。你可以隨時修改合約，讓它變得更好。假設你社群中的某個人是創始成員，你發行了一枚NFT對他做出以下承諾：只要你擁有這個NFT，便可以在一年內當我的付費社群成員。為了振奮你的社群和更加忠誠，你後來修改了合約，向第一批忠實粉絲永久授予免費會員的資格。隨著社群逐漸發展，你可以再次更改合約獎勵最棒的粉絲，讓他們可以跟其他持有NFT的朋友一起參加年度聚會。

我不想在這裡愈講愈多，但某些NFT甚至會成倍增加成為「嬰兒NFT」（baby NFT），持有時間愈長，就會獲得獎勵而享有新的專屬權利。各位能夠想像擁有一枚可以生下「嬰兒馬克‧薛佛NFT」的NFT嗎？是可愛沒錯，卻也是個惡夢。

關鍵在於，無論 NFT 如何被炒作，對社群來說都是可以善用的合理機會。

不妨想一下可以運用 NFT：

- 在你的社群中創造不可思議的新價值
- 享受更多的樂趣
- 分享共同專案的利潤
- 變得更加獨特並提高地位
- 發展社群
- 建立友誼以及與人合作
- 讓你的社群變得不容錯過

第九章指出社群隱含了社會契約。有了 NFT，社群便可以成為真正的合約。除非 NFT 有「到期日」的時間戳，否則它會永遠存在。

第三代網際網路銷售力量工作室（Salesforce Web3 Studio）共同創辦人馬修・史威茲（Mathew Sweezey）說道：「這是許多公司從未解決的問題。NFT 是沒有期限的，你必須永遠支持它。如果你創建一個 NFT 項目，

你需要提出長期的願景和做出恆久承諾。」

他說道:「太多公司認為 NFT 會快速帶來直接的財務效益。這是非常可怕的策略,它不會在社群中發生。社群不是新鮮的事物。但 NFT 可以打造一種新型態的社群,讓客戶以非常興奮的方式去協作、共同創造和彼此聯繫。這是一種忠誠度的演變。它可以為你最忠實的粉絲,創造一個活生生的品牌。也可以讓你的客戶確定他們想要的品牌走向。NFT 不僅是一條新產品線,還是你與客戶的一種新型態關係。」

數位錢包

NFT 和其他 Web3 資產位於數位錢包內,而數位錢包可以成為社群的新存取點(access point)。

馬修・史威茲如此解釋:「在 Web2 世界中,一個人平均有十個不同的識別碼(identifier)[66]。你擁有各種身分(ID),用來存取社群媒體帳號或登入手機,甚至擁有多個電子郵件位址等。行銷人員將資訊與這些身分

聯結，便可收集你的詳細訊息，幫助他們的廣告定位，找到對的客戶群。」

「我們在 Web3 中又增加了唯一識別碼，就是數位錢包身分（digital wallet ID）。在 Web2 中，我們可能會進行內容行銷來獲取你的電子郵件位址，並向你推銷東西。然而在 Web3 中，品牌不再需要獲取電子郵件，反而需要存取你的數位錢包身分來取得資訊。你的錢包身分可以包含儲存在區塊鏈（例如 NFT）上的公共數據，以及你的購買資訊，例如價格、購買時間和頻率。你的錢包還會儲存個人訊息，例如姓名、地址、偏好和社交圖譜（social graph）[67]。」

「對消費者來說，這真是夢想成真。各位想想，你要填寫這些訊息多少次，還有隨時更新這些訊息有多麼困難。你在 Web3 中只要連上你的錢包。這些訊息不僅可以立即傳到品牌或社群，而且還是一個活生生的連結。

---

[66] 譯按：又稱識別符號或標識符號。
[67] 編按：用來表示和分析個體之間社交關係的圖形結構。

如果你更新錢包的數據，每個有權存取你錢包的品牌或個人，都將立即獲得最準確的資訊。這就不需要第三方cookie，讓消費者能夠享有隱私。」

「數位錢包改變了品牌和消費者之間的動態關係。品牌將租用消費者的錢包資料存取權限。消費者若想取消訂閱，只需斷開錢包即可。消費者現在掌握了權力，品牌將對他們如何使用資訊承擔更多的責任。」

在 Web3 上，讓別人存取你的錢包可能是讓他們訪問你的社群的關鍵。它可以是相互的價值交換——擷取錢包和資訊，換取訪問社群的權限。

Devcon 就是一個例子。它是一個 Web3 開發者的社群。他們沒有為年度活動尋找贊助商，而是創造了一個去中心化的市場。任何人都可以贊助。某家公司可以參與並說道：「我們為你提供這項獨特的價值，請讓我們存取你的錢包。」這對贊助商來說是個重要的機會，因為它具有高度針對性，也不必花錢去貿易展擺攤位，以及支出差旅費。社群成員同樣受益匪淺，因為他們可以選擇有價值的東西，例如享受折扣、搶先使用軟體，或者獲得一枚 NFT。[七九]他們所要做的就是去認領它。

代幣化經濟

另一項Web3創新，是由加密貨幣支持的代幣（crypto-backed token）所驅動或增強的社群。在某種程度上，這就像一家公司向投資者出售股票，想要分享它未來成果。代幣所有權（token ownership）可以代表個人、作品或社群的股份。

Web3創作者會創建區塊鏈支持的安全代幣（NFT或加密貨幣支持的同質化貨幣），來啟動這個過程。代幣可以吸引對創作者感興趣的粉絲／持有者。擁有代幣的人可以透過三種方式受益：

- **經濟收益**：代幣供應有限，一旦需求旺盛就會因稀缺而升值。加密貨幣支持的代幣，最終可以兌換成金錢。
- **獨家貿易**：許多創作者會提供只能用其代幣獲得的藝術、音樂、工藝品和服務。
- **情感獎勵**：粉絲購買代幣可能只是為了支持創作者，因為他們喜歡創作者，或者認同其作品。

無論如何，粉絲／持有者都在協助創作者成功，同時啟動內容創作、社群發展，以及（可能）貨幣化的良性循環。隨著創作者愈來愈出名或成功，人人都能從這種部落格網路效應受益。以下是「創作手段」（Means of Creation）部落格格主李津（Li Jin，音譯）提到的一個案例：80

音樂家丹尼爾・艾倫（Daniel Allan）在 2021 年開始製作專輯《過度刺激》（Overstimulated）。他本來可以跟很多網路創作者做同樣的事：花上數月、甚至數年的時間，來製作和發行歌曲，希望最後能吸引夠多的粉絲、賺到足夠多的錢，以便全職從事這份工作。或者，他也可以向傳統音樂廠牌兜售作品，期盼有人能賜給他一份大禮，跟他簽訂唱片合約。

然而，丹尼爾選擇了一條與眾不同的路：他透過代幣銷售，為新專輯發起群眾募資，從 87 位支持者籌集 14.2 萬美元資助他的音樂創作。代幣持有者可獲得利潤的 50％作為投資回報，並且可以直接聯繫丹尼爾本人。他說道：「我頭一回擁有自己發行的全部音樂，人們也賦予我作品的實際價值。」

像丹尼爾這種 Web3 原生創作者，代表了創作者經濟（creator economy）新模式的先驅。

代幣是一種強大的新工具，讓創作者可以引導受眾和獲取資本。創作者不必創作免費的內容，然後希望逐漸吸引受眾並將內容變現（貨幣化），而是透過代幣預先變現並吸引受眾，然後運用這些資金和追隨者，製作更多內容並發展事業。

Web3 顛覆了傳統的線上內容創作模式。這是一種典範轉移（paradigm shift），將深切影響創作者如何完成工作、追隨者與創作者作品之間的關係，以及更廣泛的創作者生態系統。

和個人創造者一樣，組織或公司也可以創造代幣化經濟。這偶爾會重塑忠誠計畫（loyalty program）[68]。甚至市政當局也發行代幣來創造私人經濟，獎勵人們付費購買當地企業的商品或服務。企業大規模應用這點的好

---

[68] 譯按：贏得顧客忠誠度的市場行銷手段，譬如：現金回饋、點數回饋、集點卡或會員等級。

處可能包括:

- 找出最好的客戶或粉絲
- 獎勵參與有利於業務活動的客戶
- 代幣門控(token-gating)[69]優質內容和活動
- 作為協作活動的經濟基礎
- 建立社區成員之間「給小費」的制度
- 使用代幣所有權,作為忠誠計畫以達到優質等級(premium level)
- 只能透過代幣獲取商品和服務

代幣化經濟有助於建立雙向的客戶關係。當社群成員慷慨支持公司時,公司可以用代幣獎勵他們以表謝意。這種交流可強化情感紐帶,而這不就是有效的行銷嗎?

---

[69] 譯按:將代幣充當「鑰匙」,讓代幣持有者可以點閱某些內容或訪問某些社群。

元宇宙

不久之前，我在一家飯店的餐廳裡注意到吧檯盡頭獨自坐著一個年輕人，那人戴著 Oculus[70] 裝置，跟虛擬世界的網友交談，引起不少人注意。

這種現實空間和虛擬場域的融合看起來很奇怪，但隨著沉浸式虛擬世界益發蓬勃發展，這類裝置肯定會更加普遍。

線上商務顯然具備潛力，所以有數十億美元正投入發展元宇宙，但也別忽視社群和人際聯繫帶來的巨大機會。對許多人來說，元宇宙將是他們首選的聚會場所。

元宇宙是身臨其境的虛擬世界，人們可以在現實世界中的舒適沙發上玩耍、工作、購物，以及和他人互動。通常要透過虛擬實境頭戴顯示器（VR 頭戴式裝置）訪問虛擬世界，但也可以用電腦享受二維體驗。

元宇宙透過統一介面，彙集所有你已經熟悉的網路

---

[70] 譯按：美國虛擬實境科技公司 Meta Oculus。

服務和平臺,好比社群媒體、電子商務和電玩,當然還有社群。你不必單獨登入這些應用程式,只需登入一個程式(亦即元宇宙)便可存取所有的應用程式。某些最狂熱的信徒聲稱,元宇宙將完全取代網路。

數位原住民(digital native)[71]正在迅速接納元宇宙。我有一位朋友起初甚感震驚,因為他的孩子每天花很多時間和朋友一起玩沉浸式遊戲《要塞英雄》。然而,隨後他看到孩子們躺在地下室玩耍和大笑,大夥共同贏得了比賽。他發現這是他們的社交網絡。

本書稍早提到,花太多時間看電腦螢幕會產生負面影響,但經常適度與朋友在線上交流卻有益健康。只要我們適度使用電腦,上網就能促進社會福祉和心理健康。[八一]進入元宇宙就像步入一個輕鬆的新世界。

元宇宙還具有特定的社群優勢。我的朋友米奇‧傑克森(Mitch Jackson)是加州橘郡(Orange County)的

---

[71] 譯按:從小生長在有各式數位產品環境的世代;相對概念為「數位移民」(digital immigrant),表示長大後才接觸數位產品的人。

律師。米奇和他的兒子加勒特（Garrett）也是企業家，兩人都參與了活躍的元宇宙社群。他們指出以下優勢：

- **親密聯繫**：米奇說道：「你的社群可能不記得會議中討論過的所有內容，但會永遠記住我們透過獨特的元宇宙體驗帶給他們的感受。在那獨特而美麗的數位空間中，栩栩如生的化身和元宇宙的互動是非常親密的。其他數位世界的東西，都無法複製這種感覺和聯繫。」
- **建立團隊**：「元宇宙可透過共享的虛擬遊戲、活動和體驗，讓你和遙遠的社群產生聯繫，從中獲得快樂。除了傳統的辦公室和會議室，許多元宇宙空間都建構在令人興奮的虛擬城市、雨林和海灘，讓人可以探索，從中享受樂趣，獲得嶄新的體驗。」
- **整合的數位世界**：米奇說道：「元宇宙聚會有一項優點，就是你可以在那裡使用各種互動式數位媒體。我們可以讓人『握住』3D物件並與它們互動，步入嶄新的世界，或者讓他們坐在

美麗的劇院觀看表演。我們可以將影片和圖像處理成互動式體驗，使我們能夠做現實世界中無法辦到的事。元宇宙將重新建構電子商務、零售、書籍和電影串流等。有了觸覺設備，我們將能實際觸摸東西，甚至還能有一些進展，讓我們可以在虛擬世界聞到味道。」

- **可存取性和包容性：**「只要能上網，都可以加入我們在元宇宙的社群。我們提供即時音訊聊天翻譯服務，語言不通根本不是問題。虛擬化身讓我們創造出自己喜歡的第一印象，也讓社群的每個人處於平等地位。我們有一個客戶，名叫馬特・亨德里克（Matt Hendrick），他用嘴咬著畫筆作畫。幾十年前他的脊椎受傷，手臂、雙手和雙腿都不聽使喚。當他的虛擬藝術畫廊開幕時，馬特透過虛擬化身帶我們一邊穿越元宇宙展場，一邊分享他的作品和故事。他那時說道：『我很高興能夠帶各位參觀我的畫廊。』你可以聽出他聲音中的那股激動情緒。」

從網路轉向元宇宙，就像我們從廣播轉向電視一樣。元宇宙是豐富多彩的新世界，可讓人發展社群、找到歸屬感，以及共享富有意義的體驗。

人工智慧

人工智慧（AI）是運用電腦模擬人類智慧，嚴格來說不會被視為 Web3，但這項技術為最大且最複雜的社群，提供了非凡的行銷機會。

新興的人工智慧系統，可以幫助不知所措的社群管理者篩選對話並有效增加價值、鼓勵成員參與、實現個人化和培養新用戶。讓人工智慧接管社群經理最單調的工作後，公司便能在不增加大量成本的情況下擴展社群。

然而，人工智慧被應用於快速找出見解時，才能真正發揮作用。法國內容行銷學院 Académie 的執行長卡琳‧阿布博士（Dr. Karine Abbou）說道：「社群可以圍繞各種主題進行對話，而這些主題會指向重要的關鍵字。那是難得的金礦。透過人工智慧收集和整理這些複雜的

資料集,便可替你的整套內容行銷策略提供訊息,徹底改變搜尋引擎最佳化的方法,並且讓你比競爭對手更快發現新興趨勢。」

人工智慧會幫你的行銷、銷售和領導團隊,連結即時趨勢和資料。這可以提供變更產品的建議、找出消費者模式、提出自動化策略,甚至快速測試產品或策略來超越競爭對手。

這些創新都將把社群的邊界推往非凡的新方向。然而,還有另一項大趨勢也將深切影響社群和行銷。第十二章將告訴各位,為什麼某些最年輕的顧客老是躲著我們。

案・例・分・析

Web3 和戰鬥兔子

摘要：某位藝術家夢想要打造一個迪士尼式的奇幻世界，最終基於 NFT 的社群讓他夢想成真。

本章解釋了令人興奮的技術和平臺，如何以非凡的新方式來支援商業社群。

下方這個快速增長的社群因為 NFT 而存在，我認為以它進行案例研究會很有趣。具體來說，一個 NFT 藝術社群會圍繞著這樣的東西：

這是戰鬥兔子宇宙（Battle Bunnies Universe）。由故事講述者、創作者和藝術愛好者組成的緊密社群，正努力讓這群卡通動物在遊戲、書籍……甚至主題公園裡活靈活現地登場。

法蘭克・拉・納特拉（Frank La Natra）是著名藝術家、角色設計師及紋身行業的搖滾明星。他是兔子魔法師（Bunny Sorcerers）、維京人（Vikings）和斯巴達人（Spartans）的幕後推手。法蘭克從小就幻想充滿各種角色的世界。他讀動畫學校是為了實現夢想，後來靠著紋身技藝得以謀生。他的事業蒸蒸日上，但始終感覺自己幻想的生物不斷在呼喚他。

法蘭克的藝術創作有迪士尼的品質，吸引了美食大戰工作室（Food Fight Studios）創辦人喬恩・布里格斯（Jon Briggs）的注意。喬恩買了幾件作品為孩子布置臥室，開始收藏法蘭克的藝術品。

八年後，喬恩終於見到他的英雄。他建議兩人合作，根據法蘭克有各種角色的宇宙去製作動畫。

喬恩說道：「我們有非常好的推銷平臺。法蘭

克的風格相當獨特,許多工作室都表現出濃厚的興趣。它會帶人回到懷念的迪士尼時代,想起我們小時候看過的節目。然而,我們越往前走就會發現,只要向前邁出一步,就越失去專案的控制權。我們發現如果走傳統的工作室路線,這個計畫將和當初設想的相去甚遠,所以只好忍痛放棄。」

他說道:「三年後,我開始研究運用 NFT 的策略。它們是未來藝術和動畫的推動力量,而這是我參與過最重要的機會,其中關鍵便是打造社群。」

「當我看到一篇 IG 貼文說,法蘭克要放棄一套新的藝術收藏時,我已經思考這個問題大約一年了。我發訊息給他,告訴他,我認為 NFT 可以幫助我們。我們可以推動一個專案並完全掌控藝術創作。我認為這樣做會很有趣!」

「我們想徹底顛覆創作者的模式。創作者過去經常需要獲得工作室高層的認可。然後,經過多年發展,創作者的故事才有可能傳達給消費者。然而,我們反其道而行。我們先進行創作,然後直接訴諸

我們的社群。」

戰鬥兔子誕生了

　　戰鬥兔子的願景是獨一無二的。持有者只要有一件具有獨特角色的藝術品（作為 NFT），便可進入一個神祕的世界，其中包括：

- 透過社群經歷每天持續創作的奇幻故事
- 戰鬥兔子虛擬世界
- 手工製作、簽名和封裝的收藏卡（由此開始更龐大的收藏計畫）
- 法蘭克和他的妻子克莉斯塔（Christa）現場直播如何製作藝術品
- 兔子洞（The Rabbit Hole），一款可在 Discord 社群中玩的角色扮演遊戲，社群還提供 NFT 獎品

　　喬恩和法蘭克最引以為傲的是群眾外包（crowdsourced，眾包）的《戰鬥兔子》小說。這套冒險小說有《哈利波特》的風格，故事角色皆以戰鬥兔子NFT擁有者的名字來命名。為了替書中的城市、城堡和沼澤命名，社群甚至還舉辦了比賽。

為遊戲而來，為人們留下

創始人知道他們的新社群必須建立在透明度（transparency）和信任的基礎上。一些早期的NFT社群規畫不善、做出不切實際的承諾，以及有「抽地毯」（rug pull）[72]的舉動，亦即創始人乾脆關閉社群，捲款逃跑。

然而，這兩位創作者已經擁有粉絲群，有足以繼續發展的基礎。他們向粉絲承諾，表示會公開透明、品質不打折，以及長期努力下去。社群的可存

---

[72] 譯按：加密貨幣的詐騙手法，貨幣上市後被投資人一路追高，增值數千倍後慘遭「抽地毯」，幣值瞬間崩盤，錢都被不法分子捲走。

取性和個人參與，在在證明他們不打誑語。

法蘭克說道：「我和我的妻子克莉斯塔，整天都在網路上和我們的社群成員交流。我們玩遊戲、聊天、創造東西。這些都是協作。我畫了幾幅畫，然後講了一些故事，但歸根究柢，我們都只是社群自願創造東西時運用的管道。」

戰鬥兔子的狂熱分子C·O·佛洛斯特（C.O. Frost）說道：「這些藝術創作吸引了我的關注，能夠在Discord中，與創作它們的藝術家一起交流，真是太棒了。後來我們開始交談，發現大家都喜歡同款電玩，所以現在我們晚上也會一起玩遊戲！」

創始人誠實坦白，會和社群直接聯繫，因此得到回報。他們推出Discord以後，不到幾週便有數百人湧入這個社群。超過2,000人在Twitter上關注他們的進展。首批300枚戰鬥兔子NFT不到兩天就售罄，總共籌集了20萬美元。

法蘭克畢生的夢想是創造如同《星際大戰》的大型系列電影，但他從來沒有資金、人脈或團隊，

來落實他腦海中的想法。透過基於 NFT 的策略，他籌集了數十萬美元，成立一個合作團隊，並且在八個月內出版了第一部小說。能有此成果，都是因為他的社群願意跟他一起追求願景。

喬恩說道：「這絕對是我見過成長最快的朋友社群。大家會參與各種有趣且創意十足的合作。它非常強大。我見過有人每天花 15 個小時和朋友交流、創建新專案和玩遊戲。有一天，我偶然發現一位來自新加坡的女士，正在舉辦一場卡拉 OK 比賽！他們在我們的空間舉辦了現場音樂會。」

「還有令人難以置信的善意和慷慨行為。有一位社群成員買不起 NFT 使用，某個人就買了一個送她。這種情況發生過數十次了。大夥進入社群是為了藝術和遊戲，但他們留下來是為了人們。」

這個創意團隊將他們社群創作的第一個遊戲和小說，視為大規模特許經銷事業（franchise）[73] 的開始。他們設想更多的戰鬥兔子書籍、長篇動畫[74]、玩具，以及要達成克莉斯塔的終極夢想——建造一個

充滿故事角色的主題樂園。

　　法蘭克已經從紋身行業退休，開始全職創作他奇特的角色藝術。也許他的戰鬥兔子電影，很快就會在你家附近的電影院上演！世事難料，誰知道呢？

---

[73] 編按：允許個人或公司（稱為「被特許人」），使用另一個公司（稱為「特許人」）的商標、品牌、產品、業務模式和經營技術來開展業務。

[74] 譯按：feature-length 表示影片達到正片應有的長度，至少七十分鐘。

CHAPTER 12

祕密社群──
渴望遠離社交平臺

...

　　如果不承認社會學的變化會創造新的（有時是祕密的）社群，就無法完整討論未來。沒錯，科技巨頭在推動元宇宙等顯而易見的變化，但年輕人也在尋求安全私密和真實的地方，試圖遠離主流，進而深切影響行銷局勢的變化。在許多情況下，他們甚至要遠離一切。

　　我的朋友莎拉・威爾森是一位作家和顧問，也是 Facebook 和 IG 的前高階主管。她在研究驅使年輕消費者躲進網路角落的微趨勢（microtrend）。這些角落是封

閉的線上空間，通常更具有互動性，莎拉將其稱為「數位篝火」。我們的客戶若置身其中，根本無法加以衡量，甚至難以被偵測到。

莎拉說道：「根據研究，年輕人渴望遠離社交平臺上的人群，這些人現在包括他們的父母。他們躲在自己的線上避難所內，在更私密的網路空間與朋友聯繫，或至少與有共同興趣的人交流。」

莎拉透過研究，確定了三種類型的數位篝火：私人訊息傳遞（private messaging）、微型社群（micro-community）和共享經驗（shared experience）。

私人訊息傳遞篝火

在 30 歲以下的人們中，將近三分之二更喜歡在 Messenger 和 WhatsApp 等私人訊息串文（thread，線程）中交談，以便更公開地分享心情或資訊。品牌通常不會受邀參與這些私人的閒聊。有些人則會採用類似技術，

例如傳簡訊（texting），模仿和朋友之間面對面的私密對話。

儘管某些技術解決方案正在浮現，但這是行銷人員最難觸碰的篝火社群。

微型社群篝火

微型社群篝火是駐紮在 Facebook 群組、Slack 和 Discord 等平臺上的私人部落。這些篝火沒有被 Google 索引，也沒有在平臺上宣傳，因此透過傳統方式很難或不太可能找到他們。

品牌可以與具影響力的人士合作，來觸及現有的微型社群篝火，也可以從頭開始升起自己的篝火。

其中一個例子是雪碧（Sprite），它在拉丁美洲市場發起一場名為「你並不孤單」（You Are Not Alone）的活動。該公司利用 Google 的搜尋資料，找出年輕客群的個人痛點，然後建立 Reddit 論壇，每個論壇都由一位對當前相關問題有親身經歷的影響人士主持。

共享經驗篝火

也許這種類型的最好例子是《要塞英雄》。這是一款擁有超過 3.5 億用戶的多人元宇宙遊戲。我不是他們的用戶，每次玩我都會馬上死掉。重點是什麼？

《要塞英雄》號稱是世界上最大的社群網路。在玩《要塞英雄》的青少年之中，有一半的人表示打這款遊戲是與朋友聯繫的最佳方式。它的黏著性也很強：64％的《要塞英雄》玩家，每週玩遊戲的時間超過五個小時。

《要塞英雄》不僅是娛樂遊戲，同樣能促進社群經驗的共享。會員可以打扮成自己最喜歡的運動英雄和漫威角色，真正歸屬於這個品牌。《要塞英雄》和其他成功的社群一樣，會透過主打角色扮演、舞蹈比賽和音樂會的現場活動，強化情感紐帶。

Twitch 也促進新社群的大規模成長。像我這樣的《要塞英雄》失敗者，可以在這裡觀看有才華的人怎麼玩遊戲而「不會死」。它具有高度的互動性，有玩家的評論，還可以聊天，甚至有最受歡迎明星的付費頻道。

Twitch 同時進軍了音樂和運動等非遊戲領域。它在

社群成員的奉獻精神上獨占鰲頭，成員平均每天會花九十分鐘瀏覽 Twitch。莎拉說道：「行銷人員可以著眼於社群和文化相關性，進而聚焦於正確的共享經驗篝火。」國家美式足球聯盟（National Football League）、漫威和 Nike 等品牌，已經做到這一點，他們利用《要塞英雄》接觸粉絲社群，做法是銷售皮膚（skin，一種風格獨特的武器和服裝，可讓玩家在遊戲中虛擬化身配戴或穿著）、創建品牌混搭遊戲模式，以及在遊戲內提供玩家可拿取的限量版產品。

行銷人員面臨的巨大挑戰

這些線上社群利基市場，讓行銷人員面臨著巨大的挑戰。

莎拉說道：「在這個階段，行銷人員只需要知道發生了什麼事；以及對於要接觸居住在這些篝火的潛在消費者社群時，會受到何種影響。品牌經常忘記去了解他們的受眾。現在會有多少品牌領導者在 Discord 或

Telegram 上閒逛呢？他們知道人們在那裡使用的新『語言』嗎？現今，應該心存謙虛並開始著手研究，因為你可能會發現讓你大為驚喜的事情。」

她說道：「未來的行銷，很大一部分將發生在這些篝火社群。那裡正在創造文化，正在發起運動。品牌社群正在你最意想不到的地方崛起。也許該打破組織層級了，要將市場研究交給你能找到最年輕的員工。他們知道如何駕馭這些空間。」

行銷人員必須銘記以下這句話：千萬不要認為過去行之有效的方法，將來也能行得通。

莎拉說道：「傳統的社群聆聽平臺有嚴重的缺陷，因為它們甚至沒有觸及這些正在形成重要社群的新網路空間。結果是什麼？品牌不斷流失他們的受眾。」

篝火教戰手冊

由於愈來愈多人遷移到上述的隱藏社群空間,像 Facebook 這種公共社群論壇,逐漸變得不再那麼重要。行銷人員需要重新思考如何適應這種環境,特別是在 18 至 24 歲的人群中,透過線上社群建立品牌信任度是最高的。[八二]考慮的因素應該包括:

1. 贏得信譽

想切入社群與其產生連結,就要和消費者建立信任關係,尤其要與年輕受眾產生連結。莎拉建議採取「五C」方法:[八三]

- **關心社群成員**:提供篝火福利,例如特殊禮物、虛擬徽章和積分。
- **協作**:讓使用者有共同創造的機會。
- **客製化**:提供客製化的篝火產品、服務和體驗。
- **內容審核**:執行參與規則和/或任命現場版主。
- **一致性**:持續認可和獎勵參與者。

2. 全力以赴

這些利基空間將需要特定文化的團隊、計畫和內容。

為了和年輕受眾建立聯繫,瑞典品牌絕對伏特加(Absolut Vodka)針對這些篝火利基市場,推出一項特定計畫。為了提高參與度,以及鞏固和遊戲社群的關係,絕對伏特加與 Twitch 主播合作,在他們的頻道上舉辦比賽。這些比賽在 Twitch 主頁上宣傳,讓更多人知道這場活動。Twitch 與這個品牌合作,確保適當舉辦酒品的促銷活動,而且不會向 18 歲以下的觀眾顯示廣告。

絕對伏特加運用有影響力的人士,並且建立原創的 Twitch 特定內容,結果有所回報。這場活動獲得了 400 萬次總曝光次數,以及 110 萬次不重複使用者(unique user)的訪問數量。八四

3. 聚焦

莎拉說:「數位篝火不是要取代社群媒體,而是促進它。畢竟,你的數位篝火和社群策略有兩個不同但相關的目標。社群媒體發揮類似數位廣告看板的作用,可

替品牌打知名度，讓人得知你的產品，並將品牌置於更廣泛的文化和市場背景之中。數位篝火的存在，是為了透過持續的高度接觸互動，來培育和建立核心社群。」

舉例來說，美國食品連鎖店 Chipotle 曾在 Discord 上舉辦一場職涯博覽會，結果一週內就收到超過 2 萬 3 千份的工作申請書。很少雇主會在 Discord 露臉辦活動求才，但這樣可以針對特定目標，培養一個相關的核心社群。

4. 與現有的篝火合作

若想在這些封閉空間與人建立聯繫，最好是與現有的平臺合作，去提供客製化經驗。一項剛剛才有人使用的策略，是在篝火內建造吸引人的駐點。

鞋履和服飾品牌 Vans 在《機器磚塊》平臺推出了「Vans World」，這是以滑板為主題的虛擬世界，讓將近 5 千萬日常用戶可在裡頭閒逛、練習滑板動作，以及設計個性化的虛擬服裝和裝備。該公司收集社群如何與產品互動的數據，從中汲取訊息擬定未來的設計。「Vans World」在這個社群中充當銷售員，以及傾聽客戶心聲的

管道。

社群的技術和社會驅動因素,讓未來的品牌行銷更加複雜,但也讓人更感到興奮。這就是行銷的無窮魅力!

基於社群的行銷提供了巨大機會,我希望各位能從中受到啟發。想要有所啟發,既無法快速獲得,也不容易辦到。然而,現今的行銷是什麼?偉大的行銷並不是從眾和隨波逐流。若想成功,不可墨守成規,必須找到獨特有效的方法吸引顧客。各位該擺脫廣告,著手打造大膽有趣、不容錯過的東西,讓你的客戶迫不及待地想要歸屬於你的品牌!

這是本書的最後一章,在送走各位之前要分享我個人的社群經驗。

案・例・分・析

篝火周圍的漢堡

摘要：一家速食連鎖店在 Discord 引起騷動，吸引深夜不睡的粉絲關注。

　　美國人超愛吃漢堡。無論最大號的美味三明治或最小的迷你漢堡（slider），都有各種口味，樣式繁多，個個吸引速食愛好者的注意力。

　　我們有以價值導向、適合家庭食用或主打自然餡料的漢堡連鎖店，你能想到的其他利基，幾乎都有人會注意到。然而，有個漢堡連鎖店卻⋯⋯有點奇怪。

　　總部位於聖地牙哥的 Jack in the Box 是全美最大的快餐連鎖店之一。它 24 小時營業，所以行銷通常都是針對年輕的遊戲玩家、學生，和其他渴望在

凌晨 2 點吃豐盛早餐或墨西哥玉米捲餅的夜貓子。

對於那些熬夜、愛吃豐盛早餐的人來說，沒有比聖地牙哥國際漫畫展（Comic-Con）更棒的地方了，這是漫畫界的年度盛會。

在漫畫展等大型聚會上，各品牌通常會花大錢推出沉浸式的現場活動。Jack in the Box 卻採取了另一種方式，宣布在它的「Jack's Late Night Discord」舉辦線上「餘興派對」（after-party），其中包括贈送獎品、現場繪畫和以超級英雄為主題的搖滾樂隊表演。

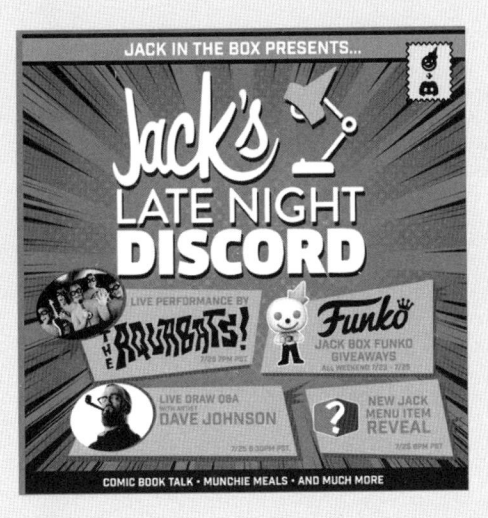

為了這項特殊活動，該公司特別聘請一家主攻年輕人的創意機構，來提供相關內容和語言。這種文化優先的促銷方法，讓該品牌在整個週末吸引了 7,664 名新的深夜粉絲，而且產生超過 2 萬 7 千條的訊息。八五

　　Jack in the Box 憑藉這場獨特的篝火，以文化相關的方式和數位優先的 Z 世代消費者建立聯繫。然而，這不是一次性的。這個品牌與面向年輕人的影響者、藝術家和創作者，建立了合作夥伴關係，因此在 Twitch、Reddit 和 Discord 上持續保有強大的影響力。八六

| 結論 |

從我到我們

本書一開始便講述我青少年時期如何深受孤獨折磨，然後因為融入了音樂劇社群而重新煥發活力。

然而，諷刺的是，我仍然過著相當孤立和孤獨的生活，這大多是我強加到自己身上的。雖然，我在社群媒體上有數十萬追蹤者和粉絲，但多數時間我都一個人待在自家後山樹林裡的辦公室寫作、研究和幫助客戶。

我很榮幸能在世界各地擁有許多讓人驚嘆的受眾。幾年以前，有位加州的陌生人寫信給我：「我和你一起展開新的一天。我起床喝第一杯咖啡時會打開電子郵件，讀你那天從部落格發給我的信件。」

我是這個人生活中的一部分，真是無上的榮幸啊！然而，我不認識她，從未見過她，也許我們永遠不會碰面。我可能不認識各位，這讓我感到難過，因為我從不認為別人把時間花在我和我的書上是理所當然的。看看你！你堅

持到最後了。在我們見面以前,讓我先謝謝你。

我很在意讀者,但這不是一個社群。

我審視生命最後三分之一的時光時,決定不要再那麼孤獨了。

我想建立自己的社群。

第一批社群,第一次失敗

我一直無法順利建立自己的社群。

好幾次我試著帶領 Facebook 或 LinkedIn 群組,但到了最後,除非我去鼓動大家對話,否則什麼都不會發生。那不是一個社群,那是一種個人崇拜。人們是為了我,而不是為了彼此。大家沒有一致的目標。

我嘗試透過現場活動聚集人潮。我有三年時間不斷自行舉辦全國會議,名為「社交大滿貫」(Social Slam)。到了活動第三年,共有來自 28 個州和 12 個國家的 700 人與會。那真是了不起的成就,但我卻很痛苦。我承受難以置信的壓力。那不是一個社群,而是一群傢伙,大家聚完會,拍拍屁股就離開。每次會議結束時,我都很疲憊,感覺自己沒有真的見到任何人。

後來我就不再舉辦這個會議了。

我進行研究並撰寫《行銷叛變》時，重新認識到將人們聚集在一起的價值，並決心再次嘗試建立社群，但它必須完全不同，必須小而緊密，就像家庭聚會，不搞大場面，也不必喝酒聊天。

成員大約 30 人，這似乎是合適的人數。因此，我創立了名為「起義」的行銷靜修會。我們在田納西州諾克斯維爾（Knoxville）附近的一個森林小屋聚會三天，討論未來的行銷……然後，神奇的事情發生了。

我們在鄉村舉辦了一場私人藍草音樂會（bluegrass concert）[75]，結束這場活動。當我們回到小屋時，我的朋友傑夫抓住我的肩膀，看著我的眼睛，說道：「這次聚會真的太完美了。」

沒有人想離開。我們不希望斷了聯繫。就像本書提到的許多案例分析一樣，社群的誕生始於一絲絲的動力。這

---

[75] 譯按：藍草音樂是美國南方的鄉村音樂，用吉他、班卓琴或小提琴等弦樂器演奏。

次的聚會點起了後續活動的火花。我可以煽動「起義」的火焰，並將其變成真正的社群嗎？

是的，我可以的。

但老天卻另有打算。

社群慘遭中斷

我看到第一次的靜修會辦得如此成功，便立即籌劃更多的「起義」活動。

不料，COVID-19 疫情來襲。

世界幾乎停擺，民眾陷入恐慌，根本不可能要大夥聚在一起，參加現場活動。

隨著業務轉移到網路，「起義」的朋友鼓勵我繼續努力，不妨舉辦一場線上活動。以前大家可以享受美食，一起在樹林裡散步閒聊，舉辦線上活動至少可以讓我們保持聯繫。「線上起義」（Uprising Online）於焉誕生。

那次活動非常成功，即便我們遭遇挫折，卻能保持聯繫來維持友誼。因為是線上活動，所以我可以擴大範圍，讓許多無法長途跋涉前往美國參加現場活動的人士參與。

我舉辦更多活動後,「會員人數」不斷增加,我便組建了 Facebook 群組,但結果(再一次!)失敗了。參加「起義」活動的人都很有成就,也非常忙碌。他們沒空在 Facebook 群組裡閒聊。我們雖然時常互相問候,但並沒有發生什麼重要的事情。這又是一種個人崇拜,和我想要的社群恰好相反。這只是體驗孤獨的另一種方式。

我的團隊有情感紐帶和統一的目標(大家都想了解的行銷未來),但我們沒有共同活動以供每週維繫注意力和保持聯繫。

然後,活動突然就來到我們身邊。

2021 年,我推出一種名為 $RISE(如同「讓我們超越喧囂」〔let's RISE above the noise〕)[76] 的加密貨幣支援的創作者代幣。我不知道自己在做什麼,但還是勇往直前。我的職業生涯其實就是一系列的實驗,我永遠不知道自己在做什麼,所以我很熟悉這種感覺!

然而,這次的計畫迥異於我其他的實驗:透過

---

[76] 譯按:一種行動號召,聲稱更好的事情將觸手可及。

RISE，我明確知道自己想要的結果是什麼，就是我要成立一個社群。我認為這可能是我最好的機會，甚至可能是我最後的機會。而且我知道，為了寫這本書，我必須在烈火的嚴酷考驗中親自吸取成立社群的經驗。

而且，天哪，我遭遇了熊熊烈火。

烏雲罩頂

推出創作者代幣讓我獲得一項重要優勢，這是我先前試圖建立社群時所欠缺的，也就是一致的目標和繼續保持聯繫的理由。我將代幣贈送給「起義」的朋友和許多熱情的粉絲。每個人似乎都著迷於這種瘋狂的 Web3 實驗，並且想和我一起學習。

起初，我透過電子郵件更新事情，將所有東西整合在一起。我寄送自己正在學習的課程，並且創建諸如 Zoom 視訊通話之類的活動，讓大家可以交談和互動。 然而，我們需要一個固定的聚會地點。

社群進行投票，結果贊成 Slack 或 Discord 的人各占一半。我最終選擇古怪的 Discord 平臺，因為它是遊戲玩家首選的聚會場所。當時一位成員說：「我們正在學習

Web3，所以也應該了解它！」這樣似乎符合社群的目標。

我制訂基本規則，這就是我們文化的開端。我們歡迎所有人，但不能容忍口出惡言（Toxicity，其他 Discord 社群的常見特徵）。只要某位會員在最初幾週內不尊重另一位會員，我會刪除他的評論，並且溫和斥責他。我決心讓社群成為對每個人來說都是安全的地方。我創建聊天室來撰寫計畫，以及討論未來的行銷和其他主題。很快地，成員就彼此熱烈交談。我們每天都在學習新的事物。

我提供了可以用代幣購買的優質內容和服務，但這對正在形成的絕佳社群來說，根本是次要的。RISE 的成員逐漸成為朋友，會相互合作並自願協助我。我會參與對話，但不一定是主導者。社群正在自行聯繫、分享、學習，甚至辯論⋯⋯當然是很有禮貌的！我們擁有了前進的動能。

六個月以後，網站大約有 250 人，其中 15％的人每週至少會發表一次意見，可見大家非常熱切參與。

話雖如此，我們頭上卻籠罩著一朵烏雲。

某些獲得 $RISE 代幣的人對這個社群不感興趣。當代幣推出時，投機者（我不認識他們）會蜂擁而至，購

買數千美元的廉價代幣。如果 $RISE 代幣上漲了幾美分，這些傢伙就會迅速出售來套利。我的加密貨幣支持的代幣像商品一樣被人來回交易。陌生人正在干擾社群，而這不是我想要的。

2022 年春天，歐洲的戰爭[77]、通貨膨脹和經濟不確定性等種種因素累加，迎來了所謂的加密貨幣冬天（crypto winter）。比特幣在幾週內貶值了 80%。每種加密貨幣都跌至歷史新低。

隨著加密貨幣開始崩盤，我最大的「投資者」開始恐慌性拋售，在 48 小時內，高達 35 萬美元 $RISE 代幣被拋售，數量非常驚人。據我所知，在那個時間點以前，其他創作者社群最大的一次拋售甩賣（fire sale）[78]是 8,000 個代幣。

我捐了幾千塊的代幣，而我的許多朋友和粉絲也都

---

[77] 編按：俄羅斯入侵烏克蘭。

[78] 譯按：本指火災受損物品的大拍賣，或者因為破產或急需資金而低價出售公司的業務。

投入錢了。現在,似乎在幾個月、甚至幾年內,想要從 $RISE 社群牟利根本不可能。崩盤的情況看起來像這樣:

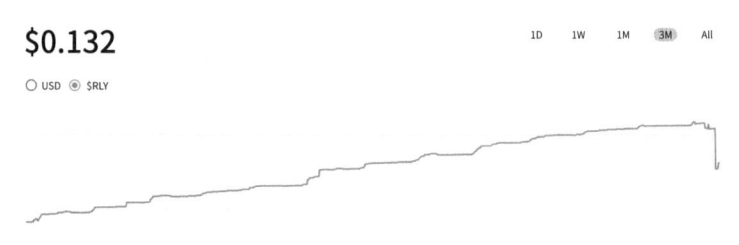

$0.132

○ USD ● $RLY

Feb 15 Feb20 Feb25 Mar 1 Mar 5 Mar 9 Mar14 Mar19 Mar23 Mar28 Apr 2 Apr 5 Apr 9 Apr13 Apr17 Apr22 Apr26 May1 May5 May11

　　我無法控制局面,但還是向社群發了一封名為「大災變版」(The Cataclysm Edition)的電子郵件解釋情況。我的心情非常低落。我們是全球崩盤的受害者,但我當時該一肩扛起憂心不已的社群。我告訴他們:情況很糟,但我還在這裡。我不會逃跑。

　　當時我正要在奧斯丁的會議上演講,演講結束後,我走到外面的飯店泳池旁邊,坐了一個小時,聽聽音樂,試著面對混亂的局勢放鬆自己來紓壓。

　　然後,發生了一件讓我永生難忘的事情。

回到房間時,我收到來自社群的150多封電郵回覆。他們都在鼓勵我:

- 「我『不賣』代幣。我要支持你。」
- 「沒關係。我還在這兒。我們都還在這裡。」
- 「如果可以,我會看著其他持有代幣者的眼睛,說道:『讓我們手挽著手,一起度過難關!』」
- 「你沒有讓任何人失望,你的粉絲,包括我自己,都在這裡,因為我們相信馬克‧薛佛。我們一定能夠振作起來。」

音樂家陶德‧史密斯（Todd Smith）甚至寄來一首他錄製的歌曲鼓勵我。我讀著一條又一條的訊息,不禁熱淚盈眶,他們不是在給我打氣,他們是在愛我。

在我的職業生涯中,第一次感覺到這不僅是「我」,我不再是一個孤獨的創作者,每週固定向陌生人發布內容。

這是「我們」。我有一個社群。

當塵埃落定時,在持有代幣的1,200多人中,只有

8 人曾驚慌失措地拋售。

這場危機讓我們團結在一起。大家的支持讓我非常感動,所以我向所有一起經歷這場危機的人發行了紀念 NFT。

成為社群的一部分,其價值已經超越代幣的任何財務價值。

由人們驅動的社群機器

我的社群能夠成功,關鍵在於有讓人們參與、協作和建立關係的活動,包括:

- 元宇宙的聚會和學習活動
- 協作編寫書籍、Podcast 和其他內容
- 獨家的教育網路研討會(webinar)
- 社群的 Zoom 會議
- 世界各地的現場聚會

我參與了某些工作,確實從中影響社群「文化」,但大部分的前進動力是由其他人所提供。透過這些活動,

成員也能獲得他人的認可和地位（這很重要）。

此時此刻，我們的社群是一個由朋友驅動的機器，大家一起向前邁進，攜手合作，尋找更多機會。起初，我們是依靠創作者代幣讓大家聚在一起，如今的社群發展已經遠遠超出這點。

接下來會發生什麼？我能有什麼好處呢？

我們的社群是一個安全的地方，讓大家可以學習未來的行銷方式。由於行銷正在變化，讓人意想不到，所以我們的實驗和成長機會是無窮無盡的。我心中沒有具體的願景或終極目標，因為社群有多少潛力，端賴成員匯聚多少力量。我只需要讓社群引導我們朝著令人興奮的新方向邁進。

我從來沒有擬訂過直接將社群變現的策略。社群成員間接讓我有收入，好比聘請我提供諮詢、教學和演講。然而，這不是最重要的事，也不是社群存在的原因。

我通常每隔一小時左右就會查看 RISE 社群，正在傳播哪些有趣的新想法。他們是我的朋友。他們在挑戰我、教導我、把我拉向新的方向。我是個有好奇心的人，還有什麼比這更有趣或讓人更充滿活力的事情呢？

我仍然經常待在樹林的辦公室裡，但我不再孤單。我屬於一個社群。

最後感言

我不久前採訪了《追求卓越》（In Search of Excellence）的著名作家湯姆・彼得斯。四十多年來，湯姆一直是最有影響力的商業作家和策略家，我的 Podcast 訪談是在他退休之旅即將結束時進行的。我問他：「有成千上萬的行銷專業人士收聽這個 Podcast，您最後對他們有什麼最重要的建議？」

他停頓了一下，說道：「當你晚上回家的時候，你為自己那天所做的事情感到自豪嗎？你是否能驕傲地告訴家人自己做的行銷工作？」

我認為湯姆說的話頗出人意料，而且聽起來也讓人心酸。我寫這本書時，他的話一直浮現在腦海中，因為將我們的職業生涯奉獻給目標驅動的品牌社群，無疑是我們每天都能感到自豪的事情。沒錯，基於社群的行銷可以幫助我們的公司，甚至可能激勵我們的客戶。然而，社群也能夠讓身為行銷人員的我們感到自豪。創造世界

上「最讓人有歸屬感」的公司,不就是最讓人驚嘆的成就嗎?

我們要在此分手了,但我們也可能締結友誼。如果你想進一步了解我的社群並成為社群的活躍分子,請上 www.businessesGROW.com/belonging 了解更多的資訊。加入社群是免費的,歡迎各位參與。

如果你喜歡本書論點,請轉告你的朋友。感謝你一路讀到這裡。現在,不妨去建立你的社群吧!

持續學習

《品牌歸屬感》概述基於社群的行銷策略,但我希望這只是為你開啟一扇門。以下是讓各位和我保持聯繫並繼續學習的方法。

不妨前往 www.businessesGROW.com/belonging,那裡有一些對你有用的資源,包括:

- 非常適合學生和教師的免費學習指南
- 探討社群和歸屬感的新文章連結
- 如何加入 RISE 學習社群的詳細資訊
- 一篇免費的研究論文,內容包含社群心理學的基本觀

如果你想深入了解管理社群的詳細策略,我十分推薦以下優良書籍:

- 大衛‧斯平克斯的《歸屬感企業》
- 普里亞‧帕克（Priya Parker）的《這樣聚會，最成功！》（*The Art of Gathering: How We Meet and Why It Matters*）
- 珍妮‧艾倫（Jennie Allen）的《找出你的朋友：在孤獨的世界建立深厚的社群》（*Find Your People: Building Deep Community in a Lonely World*，暫譯）
- 對於終極社群極客來說，下方這篇研究論文可從網路免費取得。它是數十年來從心理學和社會學角度，全面研究社群的總結：弗朗西斯科‧J‧馬丁內斯-洛佩斯（Francisco J. Martínez-López）、拉斐爾‧阿納亞-桑切斯（Rafael Anaya-Sánchez）、羅西奧‧阿吉拉爾-伊萊斯卡斯（Rocio Aguilar-Illescas）和塞巴斯蒂安‧莫利尼洛（Sebastián Molinillo）的《線上品牌社群：利用社群網絡打造品牌與行銷》（*Online Brand Communities: Using the Social Web for Branding and Marketing*，暫譯）

致謝

對我來說,寫一本書就像額外多拿一個碩士學位。我針對一個主題進行了兩年的研究,期間不斷學習和寫作,一路上有幸遇到許多有影響力的老師。這是我的第十本書,內容是基於心理學、社會學、健康照護和行銷等領域,數十位人士的研究成果。我就是將他們得來不易的經驗編纂成書。

第三章介紹了社群的許多好處,但我沒有提到一件事,那就是友誼。我當時認為不該將它納入行銷的框架!然而,如果 RISE 社群的好友沒有鼓勵我,我絕對寫不出這本書。他們試讀了我的草稿,所以在此要感謝:

- 法蘭克‧普倫德加斯特(Frank Prendergast)
- 朱塞佩‧弗拉托尼(Giuseppe Fratoni)
- 莎曼珊‧史東(Samantha Stone)
- 麗貝卡‧威爾遜(Rebecca Wilson)

- 扎克・塞珀特（Zack Seipert）
- 喬納森・克里斯蒂安（Jonathan Christian）
- 露絲・哈特（Ruth Hartt）
- 卡琳・阿布（Karine Abbou）

我的製作團隊包括：研究員曼蒂・愛德華茲（Mandy Edwards）、編輯伊麗莎白・雷亞（Elizabeth Rea）、編輯伊芙琳・斯塔爾（Evelyn Starr）、設計師凱莉・埃克塞特（Kelly Exeter）和音訊編輯貝基・尼曼（Becky Nieman）。艾莉絲・羅哈斯（Iris Rojas）用迷人的聲音介紹了我的有聲書。

第四章的「老闆媽媽」主角達娜・馬爾斯塔夫花了很多時間詳細指導我，她是如何建立一個成功的社群。她還非常慷慨，為本書的有聲書錄製了探討她的章節！

我寫書時會全神貫注，還會有點不愉快。我每天寫每一句話時，都會想到各位（沒錯，就是你！）。我心裡會想「我不能讓他們失望」。我必須交出一些值得各位去讀的東西……我寫的書要大膽迷人，還要充滿真理和希望。

我處在這種專注的寫作模式下，對各位的承諾會在我

的腦海裡轟鳴好幾個月。我帶著它入睡,也會夢見它,醒來時想起我需要做哪些事,才能讓這本書變得更好。當我處在這種半殭屍的狀態時,願意耐心支持我的人就是我的愛妻麗貝卡。她不僅有耐心,也能理解我。她幫助我實現了我的願景。

你能讀到這裡,真是非常了不起。謝謝你,我會心存感激。

我的恩賜全都來自上帝。我暗自祈禱,祝願這本微不足道的書能夠榮耀祂。

資料來源

序言

一 麥肯錫公司（McKinsey & Company）十多年來記錄了消費者行為的巨大轉變，最先是 "The consumer decision journey," by David Court, Dave Elzinga, Susan Mulder, and Ole Jørgen Vetvik (McKinsey Quarterly; June 1, 2009)，然後是 "Ten years on the consumer decision journey: Where are we today?" (New at McKinsey Blog; November 17, 2017)。

二 我在《行銷叛變》一書中指出，買家角色研究所（Buyer Persona Institute）的執行長阿黛爾・雷維拉（Adele Revella），根據公司採訪了數十種行業的數千名客戶所得出的結論：幾乎沒有證據足以表明，行銷會影響B2B公司的購買決策。

三 出處為 "105 Online Community Statistics To Know: The Complete List (2022)"；https://peerboard.com/resources/onlinecommunity-statistics。

CHAPTER 1

四　Cox, Daniel. "Growing Up Lonely: Generation Z." Institute for Family Studies. April 6, 2002. https://ifstudies.org/blog/growing-up-lonely-generation-z

五　本章節的統計數據來自於："Statistics in this section are from "The Blindness of Social Wealth" by David Brooks. *The New York Times*. April 16, 2018. https://www.nytimes.com/2018/04/16/opinion/facebooksocial-wealth.html。

六　Zetlin, Minda. "Millenials are the Loneliest Generation." Inc. https://www.inc.com/minda-zetlin/millennialsloneliness-no-friends-friendships-baby-boomers-yougov.html

七　Murthy, Vivek. "Work and the Loneliness Epidemic." *Harvard Business Review*. September 26, 2017. https://hbr.org/2017/09/work-and-the-loneliness-epidemic

八　Morris, Tom. "Just what's happening with the metaverse?" GWI Blog. May 3, 2022. https://blog.gwi.com/chart-of-theweek/metaverse-predictions/

九　Holt-Lunstad, Julianne, Timothy B. Smith, Mark Baker, Tyler Harris, and David Stephenson. "Loneliness and social isolation as risk factors for mortality: a meta-analytic review." *National Library of Medicine Journal* 10, no. 2 (March 2015): 227-37.

一〇 Holt-Lunstad et al., "Loneliness and social isolation".

一一 Twenge, Jean M., Jonathan Haidt, Andrew B. Blake, Cooper McAllister, Hannah Lemon, and Astrid Le Roy. "Worldwide increases in adolescent loneliness." *Journal of Adolescence* 93 (December 2021): 257-69.

一二 Twenge et al., "Worldwide increases."

一三 Dua, Andre "How Does Gen Z see its Place in the Working World? With Trepidation." McKinsey Newsletter October 19, 2022 https://www.mckinsey.com/featured-insights/sustainable-inclusive-growth/future-of-america/howdoes-gen-z-see-its-place-in-the-working-world-withtrepidation

一四 Kramer, Stephanie. "U.S. has world's highest rate of children living in single-parent households." Pew Research Center, December 12, 2019. https://www.pewresearch.org/fact-tank/2019/12/12/u-s-children-more-likely-thanchildren-in-other-countries-to-live-with-just-one-parent/

一五 Cox, Daniel A. "Emerging Trends and Enduring Patterns in American Family Life." Survey Center on American Life. February 9, 2022. https://www.americansurveycenter.org/research/emerging-trends-and-enduring-patterns-inamerican-family-life/

一六 Cox, Daniel A. "Emerging Trends".

一七　Richtel, Matt. "'It's Life or Death': The Mental Health Crisis Among U.S. Teens." *The New York Times*, May 3, 2022. https://www.nytimes.com/2022/04/23/health/mentalhealth-crisis-teens.html

一八　dcdx. "2022 Gen Z Screen Time Report." https://dcdx.co/2022-gen-z-screen-time-report-download

一九　Twenge, Jean M. "Have Smartphones Destroyed a Generation?" *The Atlantic*, September 2017. https://www.theatlantic.com/magazine/archive/2017/09/has-thesmartphone-destroyed-a-generation/534198/

二〇　Richtel, Matt. "The Mental Health Crisis".

二一　Mineo, Liz. "Good genes are nice, but joy is better." *The Harvard Gazette*, April 11, 2017. https://news.harvard.edu/gazette/story/2017/04/over-nearly-80-years-harvard-studyhas-been-showing-how-to-live-a-healthy-and-happy-life/

二二　Waldinger, Robert. "What makes a good life? Lessons from the longest study on happiness." Filmed 2015 at TEDxBeaconStreet. Video. https://www.ted.com/talks/robert_waldinger_what_makes_a_good_life_lessons_from_the_longest_study_on_happiness?language=en

二三　First Round Capital. "State of Startups 2019." https://stateofstartups2019.firstround.com/

二四　有數十篇研究論文證明成為網路社群會員有好處，而下列文獻做了很棒的總結：Hyun Young Lee, Doo-Hee Lee, Jong-Ho Lee, and Charles R. Taylor: "Do online brand communities help build and maintain relationships with consumers? A network theory approach." *Journal of Brand Management* 19 (December 2011): 213-27。

二五　Ahuja, Kabir, Fiona Hampshire, Alex Harper, Annabel Morgan, and Jessica Moulton. "A better way to build a brand: The community flywheel." McKinsey & Company. September 28, 2002. https://www.mckinsey.com/capabilities/growth-marketing-and-sales/our-insights/abetter-way-to-build-a-brand-the-community-flywheel

二六　Goldin, Kara. "Ashley Sumner: Founder & CEO of Quilt." The Kara Goldin Show, September 29, 2021. Podcast. 這段引述來自 Kara Goldin 於 2021 年 11 月 8 日發布的 YouTube 採訪影片。

CHAPTER 2

二七　Baer, Chris "The Rise of Online Communities" GWI Chart of the Week, January 07, 2020.

CHAPTER 3

二八 Hall, Tiffany. "The Advertising Industry Has a Problem: People Hate Ads." *The New York Times*, October 28, 2019. https://www.nytimes.com/2019/10/28/business/media/advertising-industry-research.html

二九 McConnell, Ted. "How blank display ads managed to tot up some impressive numbers." *Ad Age*, July 23, 2012. https://adage.com/article/digital/incredible-click-rate/236233

三〇 Brooker, Katrina. "How cult brands like SoulCycle and Airbnb are actually kinda cult-like." *Fast Company*, October 22, 2019. https://www.fastcompany.com/90410718/its-timeto-see-cult-brands-like-soulcycle-and-airbnb-for-whatthey-really-are-cults

三一 Talbert, Molly. "The WELL — Where Online Community Began." Higher Logic Blog, February 4, 2016. https://www.higherlogic.com/blog/the-well-where-online-community-began/

三二 Botticello, Casey. "105 Online Community Statistics To Know: The Complete List (2022)." PeerBoard. Updated January 24, 2002. https://peerboard.com/resources/onlinecommunity-statistics

三三　Bell, Elizabeth. "Reduce Customer Support Costs the Community Way." Higher Logic Blog, September 5, 2019. https://www.higherlogic.com/blog/reduce-customer-support-costs-the-community-way/

三四　CMX. "2022 Community Industry Report." https://go.bevy.com/rs/825-PYC-046/images/cmx-community-industryreport%202022_update.pdf

三五　Trend Hunter. "2022 Trend Report." https://www.trendhunter.com/

三六　Botticelli, Casey. "105 Online Community Statistics".

三七　Fournier, Susan and Lara Lee. "Getting Brand Communities Right." *Harvard Business Review*, April 2009. https://hbr.org/2009/04/getting-brand-communities-right

三八　Botticelli, Casey. "105 Online Community Statistics".

三九　Ahuja, Kabir, Fiona Hampshire, Alex Harper, Annabel Morgan, and Jessica Moulton. "A better way to build a brand: The community flywheel." McKinsey & Company, September 28, 2002. https://www.mckinsey.com/capabilities/growth-marketing-and-sales/our-insights/abetter-way-to-build-a-brand-the-community-flywheel

四〇　Lee, Hyun Young, Doo-Hee Lee, Jong-Ho Lee, and Charles

R. Taylor. "Do online brand communities help build and maintain relationships with consumers? A network theory approach." *Journal of Brand Management* 19 (December 2011): 213-27.

四一 Keller, K. L. "Building Customer-Based Brand Equity." *Marketing Management* 10 (2001): 15-19.

四二 The Community Roundtable. "The State of Community Management 2020." https://communityroundtable.com/what-we-do/research/the-state-of-communitymanagement/the-state-of-community-management-2020/

四三 Botticelli, Casey. "105 Online Community Statistics".

四四 Robinson-Yu, Sarah. "20 Stats About the Benefits of Online Community Forums." Higher Logic Blog, February 12, 2020. https://blog.vanillaforums.com/20-statistics-aboutthe-benefits-of-online-communities

四五 Wilson, Sara. "The Era of Antisocial Social Media." *Harvard Business Review,* February 5, 2020. https://hbr.org/2020/02/the-era-of-antisocial-social-media

四六 Cicmil, Jovan. "Community-as-a-Service: A Business Model for the 21st Century." *Medium*, May 13, 2021. https://medium.com/swlh/community-as-a-service-a-business-model-forthe-21st-century-b7e0612e7095

四七　Wilson, Sara. "Where Brands are Reaching Gen Z." *Harvard Business Review,* March 11, 2021. https://hbr.org/2021/03/where-brands-are-reaching-gen-z

四八　Tajfel, H., & Turner, J. C. "The Social Identity Theory of Intergroup Behavior" in *Psychology of Intergroup Relations,* edited by S. Worchel and W. G. Austin. Chicago: Nelson-Hall, 1986.

四九　Burnasheva, Regina, Yong Gu Suh, and Katherine Villalobos-Moron. "Sense of community and social identity effect on brand love: Based on the online communities of a luxury fashion brands." *Journal of Global Fashion Marketing* 10, no. 1 (January 2019): 50-65.

五〇　"Why are Lululemon Leggings So Expensive?" Runner's Athletic Blog. https://www.runnersathletics.com/blogs/news/why-are-lululemon-leggings-so-expensive

五一　Hill, Laura. "How Lululemon Uses Ambassadors To Foster Customer Engagement." Welltodo, July 3, 2017. https://www.welltodoglobal.com/lululemon-uses-ambassadors-foster-customer-engagement/

五二　Hum, Samuel "4 Tactics Lululemon Uses to Leverage Word-of-Mouth For Their Brand." ReferralCandy Blog, June 30, 2015. https://www.referralcandy.com/blog/lululemon-marketing-strategy

CHAPTER 6

五三　Morand, Tatiana. "Why Most Online Communities Are Destined to Fail." Influitive Blog, June 9, 2017. https://influitive.com/blog/why-most-online-communities-are-destined-to-fail/

五四　某些基本想法是基於下面的研究："Getting Brand Communities Right" by Susan Fournier and Lara Lee, *Harvard Business Review*, April 2009. https://hbr.org/2009/04/getting-brand-communities-right。

五五　Burnasheva, Regina, Yong Gu Suh, and Katherine Villalobos-Moron. "Sense of community and social identity effect on brand love: Based on the online communities of a luxury fashion brands." *Journal of Global Fashion Marketing* 10, no. 1 (January 2019): 50-65.

五六　Gruner, Richard L., Christian Homburg, and Bryan A. Lukas. "Firm-hosted online brand communities and new product success." *Journal of the Academy of Marketing Science*, 42, no. 1 (2014): 29-48.

CHAPTER 7

五七　Edelman, Richard. "Brand Trust; The Gravitational Force of Gen Z." June 20, 2022. https://www.edelman.com/trust/2022-trust-barometer/special-report-new-cascade-of-influence/brand-trust-gravitational-force-gen-z

五八　Kent, Sarah. "Ganni's Guerrilla Approach to Global Growth." *Business of Fashion,* October 14, 2019.

五九　Ho, Hui-Yi and Pan Hung-Yuan. "Use behaviors and website experiences of Facebook community." *2010 International Conference on Electronics and Information Engineering (ICEIE)* 1 (August 2010): 379-383.

CHAPTER 8

六〇　Anderson, Lauren, "Cult brands: How companies build a fanatical fan base," *Milwaukee Business News,* November 25, 2019, https://biztimes.com/cult-brands-kwik-trip-midwest-airlines-cookies-harley-davidson/

六一　如果你想知道如何發展自己的個人品牌,我推薦各位閱讀我的書籍《讓人得知》(*KNOWN*),書中提供詳細的品牌發展方法。

六二　Dholakia, Utpal M., Richard P. Bagozzi, and Lisa Klein Pearo. "A social influence model of consumer participation in network- and small-group-based virtual communities." *International Journal of Research in Marketing* 21, no. 3 (September 2004): 241-63.

六三　Twitch 故事的一些細節來自於：*Get Together: How to Build a Community With Your People*, by Bailey Richardson, Kevin Huynh, and Kai Elmer Sotto。

六四　Testa, Jessica, "A Pink Parade at the End of the World," *The New York Times*, April 14, 2022, https://www.nytimes.com/2022/04/14/style/loveshackfancy.html

CHAPTER 9

六五　CMX. "2022 Community Industry Report." https://go.bevy.com/rs/825-PYC-046/images/cmx-community-industry-report%202022_update.pdf

六六　Keiles, Jamie Lauren. "Even Nobodies Have Fans Now." *The New York Times Magazine*, November 13, 2019. https://www.nytimes.com/interactive/2019/11/13/magazine/internet-fandom-podcast.html

六七　Harris, Sam. "Status Games." Making Sense, August 31,

2022. Podcast.（引文經過編輯，以求格式清楚和意思明確。）

六八　Marmot, Michael."The Whitehall Study." The Center for Social Epidemiology. https://unhealthywork.org/classic-studies/the-whitehall-study/

六九　Botticello, Casey."105 Online Community Statistics To Know: The Complete List (2022)." PeerBoard, January 24, 2022. https://peerboard.com/resources/online-community-statistics

七〇　Wilson, Sara."How Spotify Built A Digital Campfire For Its Super-Fans." The Digital Campfire Download, October 25, 2022. Podcast. https://www.digitalcampfires.co/recaps/how-spotify-built-a-digital-campfire-for-its-super-fans

CHAPTER 10

七一　CMX."2022 Community Industry Report." https://go.bevy.com/rs/825-PYC-046/images/cmx-community-industry-report%202022_update.pdf

七二　Botticello, Casey."105 Online Community Statistics To Know: The Complete List (2022)." PeerBoard, January 24, 2022. https://peerboard.com/resources/online-community-statistics

七三 Ahuja, Kabir, Fiona Hampshire, Alex Harper, Annabel Morgan, and Jessica Moulton. "A better way to build a brand: The community flywheel." McKinsey & Company, September 28, 2002. https://www.mckinsey.com/capabilities/growth-marketing-and-sales/our-insights/abetter-way-to-build-a-brand-the-community-flywheel

七四 Sasmita, J., and N. Mohd Suki. 2015. Young consumers' insights on brand equity. International Journal of Retail and Distribution Management 43(3): 276–292. https://doi.org/10.1108/IJRDM- 02-2014-0024

七五 Zhang, M., and N. Luo. 2016. Understanding relationship benefits from harmonious brand community on social media. Internet Research 26(4): 809–826.

七六 Scarpi, D. (2010). Does size matter? An examination of small and large Web-based bran communities. Journal of Interactive Marketing, 24(1), 14–21.

七七 Mahrous, A., and A. Abdelmaaboud. 2017. Antecedents of participation in online brand communities and their purchasing behavior consequences. Service Business 11(2): 229–251. https://doi.org/10.1007/s11628-016-0306-5

七八 Danziger, Pamela N. "How To Make A Great Loyalty

Program Even Better? Sephora Has The Answer." *Forbes*, January 23, 2020. https://www.forbes.com/sites/pamdanziger/2020/01/23/how-to-make-a-great-retail-loyalty-program-even-better-sephora-has-the-answer/

CHAPTER 11

七九　Schaefer, Mark. "Three significant NFT case studies for marketing." Marketing Companion, October 31, 2022. Podcast. https://businessesgrow.com/2022/10/31/nft-case-studies/

八〇　Beller, Morgan. "Building A "Community-First" Company." NfX, October 2021. https://www.nfx.com/post/community-first-company-building（案例分析源自於這裡，我稍微編輯了一下，使內容更加緊湊。）

八一　Roeder, Amy. "Social media use can be positive for mental health and well-being." Harvard T.H. Chan School of Public Health, January 6, 2020. https://www.hsph.harvard.edu/news/features/social-media-positive-mental-health/

CHAPTER 12

八二 Keller, Ed．"The 4 Types Of Everyday Influencers That Consumers Trust."*Marketing Insider,* May 09, 2022.

八三 Wilson, Sara．"Want to Build Intimacy With Customers? Get to Know Digital Campfires."*MIT Sloan Management Review,* November 29, 2021. https://sloanreview.mit.edu/article/want-to-build-intimacy-with-customers-get-toknow-digital-campfires/（本節的許多想法和範例，出自莎拉・威爾森的文章。）

八四 "It's in our spirits." Amazon Ads. https://advertising.amazon.com/library/case-studies/twitch-absolut

八五 Alessio, Alessandro．"3 Times Brands Used Discord for Branding And To Engage Communities."*Rock Content,* July 4, 2022. https://rockcontent.com/blog/brands-on-discord/

八六 Kelly, Chris．"Why Jack in the Box hosted a Comic-Con afterparty on Discord."*Marketing Dive,* August 3, 2021. https://www.marketingdive.com/news/why-jack-in-the-box-hosted-a-comic-con-afterparty-on-discord/604357/

品牌歸屬感

為什麼社群是行銷策略的終極答案？
Belonging to the Brand: Why Community is the Last Great Marketing Strategy

作　　　者	馬克・薛佛（Mark W. Schaefer）
譯　　　者	吳煒聲
特 約 編 輯	呂美雲
封 面 設 計	木木Lin
內 頁 排 版	江麗姿
業 務 發 行	王綬晨、邱紹溢、劉文雅
行 銷 企 劃	黃羿潔
資 深 主 編	曾曉玲
總 編 輯	蘇拾平
發 行 人	蘇拾平

出　　　版　　啟動文化
　　　　　　　Email：onbooks@andbooks.com.tw

發　　　行　　大雁出版基地
　　　　　　　新北市新店區北新路三段207-3號5樓
　　　　　　　電話：(02)8913-1005　傳真：(02)8913-1056
　　　　　　　Email：andbooks@andbooks.com.tw
　　　　　　　劃撥帳號：19983379
　　　　　　　戶名：大雁文化事業股份有限公司

初 版 一 刷　　2024年8月
初 版 二 刷　　2025年2月
定　　　價　　550元
I S B N　　978-986-493-191-0
E I S B N　　978-986-493-190-3 (EPUB)

版權所有・翻印必究 ALL RIGHTS RESERVED
如有缺頁、破損或裝訂錯誤，請寄回本社更換
歡迎光臨大雁出版基地官網 www.andbooks.com.tw

BELONGING TO THE BRAND
© Mark W. Schaefer 2023
Complex Chinese language edition published by special arrangement with Schaefer
Marketing Solutions in conjunction with their duly appointed agent 2 Seas Literary Agency and co-agent The Artemis Agency.
Complex Chinese translation copyright © 2024 by On Books, a division of And Publishing Ltd.

品牌歸屬感：為什麼社群是行銷策略的終極答案?/ 馬克.薛佛 (Mark W. Schaefer) 著；吳煒聲譯. -- 初版. -- 新北市：啟動文化出版：大雁出版基地發行, 2024.08
　　面；　公分.
譯自：Belonging to the brand : why community is the last great marketing strategy.
ISBN 978-986-493-191-0(平裝)
1. 品牌行銷 2. 網路行銷 3. 網路社群 4. 行銷策略